数字音频设计

主　编　伍　雪　杨　佳

副主编　黄　鹤　邓　珂　邓靓华

参　编　熊　扬　胡子阳

合肥工業大學出版社

前　言

在数字媒体艺术领域，数字音频是一门既具挑战性又充满创意的科目。随着技术的不断进步和音频应用场景的日益丰富，社会对数字音频设计人才的需求也日益增长。然而，当前市场上的教材往往无法满足初学者对数字音频系统进行全面学习的需求，因此，我们编写了这本《数字音频设计》。

理论与实践相结合是学习的最佳途径。本教材源于学校与企业之间的紧密合作，依托学校教师们丰富的教学经验和深厚的学科专业知识，结合企业提供的真实项目案例和最新技术趋势组织编写，既具有理论深度，又具备实践指导意义。在编写本教材的过程中，我们始终坚持以学生为中心，注重培养学生的实践能力和创造力。我们希望通过真实案例的引入，使学生能够将理论知识与实际操作相结合，提升解决实际问题的能力。同时，我们也鼓励学生发挥创造力，设计具有个性化和创新性的音频作品。此外，我们还特别关注数字音频设计领域的最新发展动态，通过企业提供的最新技术趋势，我们得以将最新的行业信息和前沿技术融入教材中，使学生能够了解行业的最新动态，为其未来的职业发展提供有力支持。

本教材共分为 11 个章节。第 1 章从数字音频设计的概念入手，介绍了数字音频是如何通过模数转换实现由模拟声音信号到离散数字信号的转换过程，并回顾了音频设计的历史与发展。第 2 章着眼于 Adobe Audition 的基础入门，介绍了音频的不同类别，包括语音、音乐、环境音效等，以及常见的音频文件格式。第 3 章介绍了 Adobe Audition 2022 基本操作。第 4 章讲解如何使用 Adobe Audition 2022 编辑音频波形，如何利用快捷键更高效地完成任务。第 5 章介绍了如何运用工具编辑单轨音频，讨论了音频静音处理、反相、降噪和修复效果。第 6 章介绍了数字音频设计中的多轨会话合成与制作。第 7 章介绍多轨会话的编辑与修饰技巧。第 8 章学习效果器的运用。第 9 章主要涵盖了数字音频混音效果的基本概念和操作技巧。第 10 章主要介绍了 Adobe Audition 2022 中的插件与其他功能，包括效果器插件、环绕声和收藏夹。第 11 章主要介绍音频文件的输出设置，即围绕如何根据需要调整音频文件的采样率、位深度及文件格式等参数进行讲解。

在本教材的编写过程中，广泛参考并引用了各领域专家学者的研究成果，在此，对他们表示由衷的敬意与感激。同时，由于作者自身学识与能力的局限，教材中难免存在不足之处，恳请广大读者不吝赐教，提出宝贵的批评与建议，以便我们不断完善和提升。

编 者

2024 年 4 月

《数字音频设计》课程思政设计一览表

序号	课程内容	思政内容	对应的价值观和素养
1	数字音频设计的概念	培养学生的专业素养，了解数字音频的发展历程与应用领域	爱国主义，社会责任感，专业素养
2	音频信号处理技术	培养学生的创新意识，掌握音频信号处理的基本方法和应用技巧	创新精神，团队合作，实践能力
3	声音录制与编辑技术	培养学生的审美情趣，提高声音录制与编辑的质量和效果	美育，工匠精神，追求卓越
4	音频效果处理与混音技术	培养学生的音乐素养，掌握音频效果处理与混音的方法和技巧	音乐素养，审美观念，创新意识
5	多声道与环绕声技术	培养学生的空间想象力和音效感知能力，掌握多声道与环绕声技术的应用	空间想象力，音效感知，专业素养
6	音频压缩与数据传输技术	培养学生的信息素养，了解音频压缩与数据传输的基本原理和应用	信息素养，网络安全，专业素养
7	数字音频设计的使用与操作	培养学生的实际操作能力，熟练掌握数字音频设计的使用技巧	实践能力，工匠精神，专业素养

（续表）

序号	课程内容	思政内容	对应的价值观和素养
8	音频设备的连接与调试	培养学生的动手能力，掌握音频设备的连接与调试方法	动手能力，团队协作，专业素养
9	音乐制作与音频后期制作	培养学生的艺术素养，掌握音乐制作与音频后期制作的基本流程与技巧	艺术修养，创新精神，专业精神
10	影视配音与声音设计	培养学生的声音感知和创造力，掌握影视配音与声音设计的方法和技巧	声音感知，创造力，专业素养

目 录

第 1 章　数字音频设计的概念

1.1　数字音频概述

数字音频是一种利用数字化手段对声音进行录制、存放、编辑、压缩或播放的技术。它是随着数字信号处理技术、计算机技术、多媒体技术的发展而形成的一种全新的声音处理手段。作为一种数字化的声音形式，数字音频已经成为现代生活和娱乐产业中不可或缺的一部分，在音乐、影视、通信、游戏等领域都发挥着重要作用。

数字音频主要包括以下内容：

（1）数字化过程

数字音频的生成通过模数转换（A/D 转换）得以实现，将连续的模拟声音信号转换为离散的数字信号。在这一过程中，声音信号在时间上进行采样，同时在幅度上进行量化。

（2）采样率和位深度

采样率（Sample Rate）是指每秒钟采样的次数，单位赫兹（Hz）。位深度（Bit Depth）是用来表示采样值的位数，它决定了每个采样点的分辨率。常见的采样率有 44.1 kHz、48 kHz 等；位深度通常是 16 位或 24 位。

（3）数字音频格式

数字音频可以多种格式存储，包括 WAV、MP3、AAC、FLAC 等。不同的格式有不同的特点和适用场景，如 WAV 格式通常用于无损音质的存储，而 MP3 格式则常用于网络传输和流媒体播放。

（4）音频编解码

音频编解码是将数字音频信号转换为特定格式的过程，或者从特定格式解码为数字音频信号的过程。编解码技术可以压缩音频数据以减小文件大小、提高传输效率，并且在保证音质的同时减少数据量。

（5）应用领域

数字音频在各个领域都有广泛的应用，包括音乐录制和制作、电影和电视节目制作、广播、游戏开发、虚拟现实等。数字音频的发展使得音频制作变得更加灵活、高效，更具创造性。

（6）未来发展趋势

随着技术的不断进步，数字音频领域也在不断发展。未来可能会出现更高的采样率和位深度，更智能的音频处理算法，以及更广泛的应用场景，如虚拟现实、增强现实等。

1.2 音频设计的历史与发展

音频设计的历史与发展可以追溯到早期声音录制和播放技术的发展。20 世纪 60～70 年代，磁带录音技术已经非常流行。然而，大多数音频设备仍然采用模拟信号，由模拟放大器进行处理。随着技术不断进步，数字处理器出现，并逐渐在音频处理中占据重要地位。数字音频技术不断发展，音频设计的应用领域也不断扩展。数字音频技术广泛应用于音乐制作、影视制作、广告制作、游戏开发等领域。在这些领域中，音频设计师利用数字音频技术对声音进行处理，创造了丰富多彩的声音效果，为作品增添了更多的艺术性和感染力。

近年来，随着人工智能技术不断发展，音频设计也开始与人工智能相结合。人工智能技术可以用于音频信号的自动分析和处理，以提高音频设计的效率和质量。同时，其还可以用于音频内容的智能推荐和个性化定制，为用户提供更加个性化的音频体验。

音频设计经历了许多重要的变革，以下是音频设计发展的几个重要阶段：

（1）19 世纪末期至 20 世纪初期：早期声音录制技术的发展

1877 年，美国发明家爱迪生发明了第一台可记录和播放声音的机器——留声机。

（2）20 世纪上半叶：电子录音技术兴起

20 世纪 20 年代，有声电影的兴起促使录音技术进一步发展，电子管录音机开始被广泛应用于电影和音乐录制领域。40～50 年代，磁带录音机开始取代电子管录音机，成为主流的录音设备，大大提高了录音质量和录音的便捷性。

（3）20 世纪中叶至后期：模拟音频时代

20 世纪 50～70 年代，多轨录音技术的出现和发展推动了音乐录制的发展，使得音乐制作更加灵活和多样化。80～90 年代，数字音频技术的普及改变了音频行业的格局，数字录音设备和音频编辑软件的发展使得音频设计变得更加精确和可控。

（4）21 世纪至今：数字音频时代

21 世纪初，随着互联网和数字媒体的发展，音频内容的传播方式发生了革命性的变化，数字音乐、网络广播、流媒体等成为主流。

2000 年以来，移动设备和智能手机的普及进一步推动了数字音频的发展，音频应用和服务不断涌现，包括在线音乐平台、播客、语音助手等。

1.3　音频设计的应用领域

1.3.1　娱乐行业

娱乐行业是音频设计的重要应用领域之一。音频设计广泛应用于音乐制作、电影、电视节目、游戏开发等工作中。在这些工作中，音频设计需要强调情感表达、视听效果和用户体验。其中，音乐制作注重音乐的情感表达和艺术性，需要精心设计音乐的声音效果和效果器；电影、电视节目注重声音的环绕效果和沉浸感，音频设计需要与画面相匹配，营造逼真的音效和音乐氛围；游戏开发注重游戏的互动性和沉浸感，音频设计需要与游戏场景相融合，提升玩家的体验和参与度。

1.3.2　广告行业

广告行业需要通过声音吸引消费者的注意力，以提升品牌形象和促进产品销售。音频设计在广告和营销中起到了重要的推动作用。广告音频注重声音的情感表达和广告效果，需要精心设计可吸引人的音频内容和音乐；商业音频则注重音乐的商业效益和市场推广，音频设计需要与市场需求相契合，来满足消费者的审美和需求，吸引观众的注意力，增强广告的影响力和感染力。

1.3.3　教育领域

教育和培训行业需要通过声音传递知识和信息，以提高学生的学习效果和参与度。其中，在线课程注重声音的清晰度和易听性，音频设计需要简洁明了地传达知识内容，激发学生的兴趣和学习积极性；语音导览则注重声音的导航效果和指引作用，音频设计需要精准地引导用户，提供有效的信息和指导。

1.3.4　医学领域

医疗和健康行业需要通过声音传达健康知识和医疗信息，帮助患者理解和管理健康问题。其中，医疗教育注重声音的准确性和可信度，音频设计需要传达医疗知识和健康指导，提高患者的健康意识和自我管理能力；健康指导注重声音的亲和力和信任度，音频设计需要与患者建立良好的沟通和信任关系，提供有效的健康咨询和指导。此外，音频设计还可以应用于医学诊断和治疗中，如超声成像、听力测试等。

1.3.5 艺术和装置艺术

音频设计在艺术作品中可以用来表达情感和情绪，通过声音的节奏、音调和音色等元素来传达艺术家的思想和感受。艺术和装置艺术设计领域通常充满创意和实验精神，音频设计作为一种创新的手段和载体，可以与观众进行互动，使观众成为艺术作品的一部分，从而提升观众的观赏体验和参与感；还可以促进对声音艺术的边界和可能性的广泛探索。音频设计也常常与其他艺术形式相结合，如视觉艺术、表演艺术等，形成跨界融合的艺术作品，丰富艺术的表现形式和媒介。

1.4 本章小结

本章从数字音频的概念入手，介绍了数字音频是如何通过模数转换实现由模拟声音信号到离散数字信号的转换过程；回顾了音频设计的历史与发展，从 19 世纪末的早期声音录制技术到 20 世纪的电子录音技术，再到数字音频技术的出现和普及，展现了音频设计在不同时期的重要的发展里程碑和技术变革；强调了数字音频技术的革命性影响；探讨了音频设计在各个领域的广泛应用，从娱乐行业到广告营销、教育培训、医疗健康等领域，展示了音频设计在不同行业中的重要性；介绍了音频设计在音乐制作、电影电视节目、游戏开发等领域的关键作用，以及在虚拟现实、增强现实等新兴领域的应用前景。

第 2 章　Adobe Audition 基础入门

2.1　音频编辑基础

2.1.1　音频文件的分类

音频文件通常分为声音文件和 MIDI 文件两类。声音文件是通过声音录入设备录制的原始声音，直接记录了真实声音的二进制采样数据；MIDI 文件是一种音乐演奏指令序列，可利用声音输出设备或与计算机相连的电子乐器进行演奏。

2.1.2　波形与采样率

（1）波形

一切发声的物体都在振动，振动停止则发声停止。例如，琴弦、人的声带振动都会产生声音，而这些振动会推动邻近的空气分子，并轻微增加空气压力，压力下的空气分子随后推动周围的空气分子，后者又推动下一组分子，以此类推，高压区域穿过空气时，在后面留下低压区域，当这些压力波的变化到达人耳时，会振动耳中的神经末梢，这就形成了声音。

我们所能看到的声音的可视化波形函数表现形式反映了这些空气压力波。波形中的零位线是静止时的空气压力；当曲线向上摆动到波峰，表示较高压力；当曲线向下摆动到波谷，表示较低压力。

一个波形通常包括振幅、周期、频率、相位、波长等特征，这些特征是区别不同波形的依据。波形如图 2-1 所示。

（2）采样率

采样率是数字音频采样系统每秒对自然声波或模拟音频文件进行采样的次数，其决定了数字音频文件在播放时的频率范围。采样率越高，数字波形的形状越接近原始模拟波形；采样率越低，数字波形的频率范围越狭窄、声音越失真、音质越差。

为了重现给定频率，采样率必须至少是该频率的两倍。例如，CD 的采样率为每秒

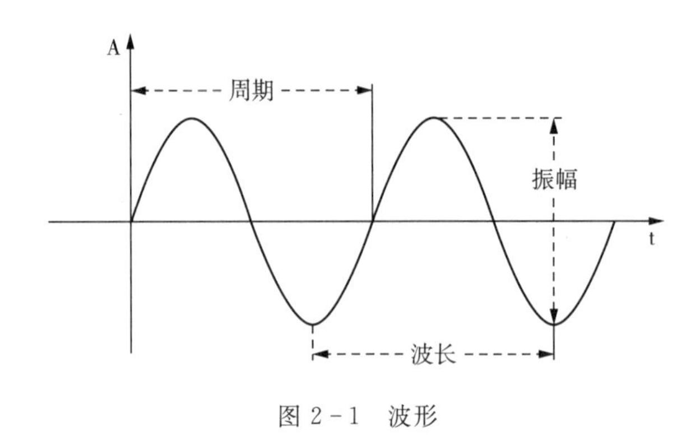

图 2-1 波形

44100 个采样，所以可重现最高为 22050 Hz 的频率，此频率恰好超过人类的听力极限 20000 Hz。

2.2 音频的类别

音频的类别见表 2-1 所列。

表 2-1 音频的类别

采样率	频率范围	品质级别
11025 Hz	0～5512 Hz	比较差的 AM 电台（低端多媒体）
22025 Hz	0～11025 Hz	接近 FM 电台（高端多媒体）
32000 Hz	0～16000 Hz	优于 FM 电台（标准广播采样）
44100 Hz	0～22050 Hz	CD
48000 Hz	0～24000 Hz	标准 DVD
96000 Hz	0～48000 Hz	蓝光 DVD

2.2.1 语音

语音，即语言的声音，是语言符号系统的载体。语音是有用信息量最大的音频媒体，由人的发声器官发出，并且负载着一定的语言意义。语音由音高、音强、音长和音色 4 个要素构成。其中，音高指声波频率，即每秒振动的次数；音强指声波振幅的大小；音长指声波振动持续的时间；音色即音质，指声音的特色和本质。

2.2.2 音乐

音乐是一种由规则振动发出来的声音，是表达人们的思想感情和反映现实生活的艺术。它最基本的要素是节奏和旋律，分为声乐和器乐两类。

2.2.3　噪音

噪音是发声体做无规则振动时发出的与音频信息内容无关的声音。噪音是一类可以引起人烦躁甚至危害人体健康的声音。

2.2.4　静音

静音是指无音频内容信息的声音。

2.3　音频常见的文件格式

2.3.1　MP3 格式

MP3 是一种音频压缩技术，全称是动态影像专家压缩标准音频层面 3（Moving Picture Experts Group Audio Layer Ⅲ）。该压缩技术被设计用来大幅度地降低音频数据量，将音乐以 1∶10 甚至 1∶12 的压缩率压缩成容量较小且音质未明显下降的文件。

MP3 可以根据不同需要，采用不同的采样率进行编码，其中 127 kHz 采样率的音质接近于 CD 音频，而文件大小仅为 CD 音乐的 10%。目前，MP3 是最为流行的音乐格式之一。

2.3.2　MIDI 格式

MIDI 又称为乐器数字接口，是数字音乐电子合成乐器的统一国际标准。它与波形文件不同，它记录的不是声音本身，而是将每个音符记录为一个数字指令。计算机将这些指令发给声卡，声卡负责合成这些声音，声卡质量越高，合成效果越好。MIDI 格式比较节省空间，可以满足长时音乐的需要。

2.3.3　WAV 格式

WAV 是微软公司开发的一种声音文件格式，又称为波形声音文件，是 Windows 系统上使用的最为广泛的音频文件格式。WAV 格式支持许多压缩算法，支持多种音频位数、采样频率和声道，采用 44.1 kHz 的采样频率及 16 位量化位数，音质与 CD 相差无几。WAV 格式可以重现各种声音，但产生的文件很大，多用于存储简短的声音片段。

2.3.4　CDA 格式

CDA 格式使用 44.1 kHz 的采样频率，速率 88 k/s，16 位量化位数，其效果基本忠于原声。在大多数播放软件的“文件类型”列表中都可以看到“*.cda”格式，这就是CD音轨。

2.4 常用的音频编辑软件

2.4.1 Adobe Audition

Adobe Audition是一款由Adobe公司开发的专业数字音频编辑软件。它集音频录制、编辑、混音、修复和增强功能于一身，广泛应用于音频制作、音乐制作、广播、视频制作等领域。该软件以其强大的功能和音频处理的灵活性成为音频处理领域的佼佼者。

Adobe Audition的界面设计直观且易于使用，即便对于初学者来说也能迅速上手。它提供了多轨音频编辑功能，用户可以在多个音轨上同时编辑、调整和混合音频，这对于音乐制作、声音设计及视频制作中的音频后期制作非常有用。此外，Adobe Audition还提供了丰富的音频修复工具，能够有效去除噪音、杂音等不良音频元素，使音频质量得到显著提升。在音频效果方面，Adobe Audition内置了多种音频效果和处理工具，如均衡器、压缩器、混响、合唱、失真等，用户可以根据需求为音频添加各种效果，以增强音频的表现力和层次感。同时，该软件支持多种录音方式，包括多轨录音、多频道录音、批量录音等，以满足不同录音场景的需求。

2.4.2 Adobe Soundbooth

Adobe Soundbooth是一款专为电影、视频和Adobe Flash项目中的音频所设计的软件。它强调基于任务的工具，使用户能够轻松地清理录制内容、润饰旁白、自定义音乐和声音效果等。Adobe Soundbooth的界面直观、易用，支持多轨录音，让用户能够轻松地在多个音轨上编辑和混合音频。此外，它还具备自动音量修正功能，可以平衡多个音轨的音量，确保音频的连贯性和一致性。Adobe Soundbooth的主要目标是提供高品质的音频处理工具，适用于网页设计人员、视频编辑人员和其他创意专业人员。

2.4.3 GoldWave

GoldWave是一个功能强大的数字音乐编辑器，是集声音编辑、播放、录制和转换于一体的音频工具。它还可以对音频内容进行转换格式等处理。

2.4.4 Ease Audio Converter

Ease Audio Converter适用于音频文件的压缩与解压缩，它可以将任何一种压缩格式转换（或解压缩）成 WAV 格式，或将 WAV 格式的文件转换（压缩）成任何一种压缩格式，还可将压缩文件转换成 CD 格式的 WAV 文件。

2.5　音频编辑常用的硬件设备

2.5.1　声卡

声卡也叫音频卡，是多媒体计算机中用来处理声音的接口卡。其可以把来自麦克风、收录音机、激光唱片机等设备的语音、音乐等声音变成数字信号交给计算机处理，并以文件形式存盘，还可以把数字信号还原为真实的声音输出。

2.5.2　麦克风

麦克风，由“Microphone”这个英文单词音译而来，学名为传声器，也称话筒、微音器，是将声音信号转换为电信号的能量转换器件。

20 世纪，麦克风由最初通过电阻转换声电发展为电感、电容式转换，大量新的技术逐渐发展起来，这其中包括铝带、动圈等麦克风，以及当前广泛使用的电容麦克风和驻极体麦克风。

2.5.3　音箱

音箱是一种将音频信号转换为声音的设备，由扬声器、箱体和分频器组成。按照使用场合的不同，可以分为专业音箱与家用音箱；按照放音频率的不同，可以分为全频带音箱、低音音箱和超低音音箱；按照用途的不同，可以分为主放音音箱、监听音箱和返听音箱；按照箱体结构的不同，可以分为密封式音箱、倒相式音箱、迷宫式音箱和多腔谐振式音箱等。

2.5.4　调音台

调音台又称调音控制台，是现代电台广播、舞台扩音、音响节目制作等系统中进行播送和录制节目的重要设备，其作用是将多路输入信号进行放大、混合、分配、音质修饰和音响效果加工。目前，各行各业所使用的调音台种类极多。根据基本功能的不同，可以分为录音调音台、扩声调音台、反送调音台等；根据信号处理方式的不同，可以分为模拟调音台、数字调音台；根据控制方式的不同，可以分为非自动式调音台和自动式调音台。此外，调音台的输入通道数也各有不同，如常见的调音可以选择有 8 轨或 16 轨的调音台，而对于需要处理更多信号的大型活动或专业录音室可能需要 32 轨或更多通道的调音台。

2.5.5 录音室

录音室是用来录制音频素材的专用房间。录音室的门、墙、地板都采取了隔音、防震措施，因此它具有吸音、减少声音反射及混响的功能。录音室中一般会配备高级麦克风、调音台、数字录音机、效果器和计算机等专业录音设备，是录音的理想场所。

2.6 音频编辑的操作流程

音频编辑的操作流程如图 2-2 所示。

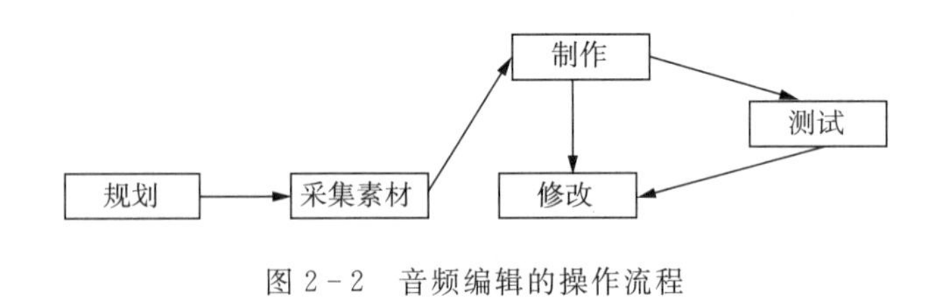

图 2-2 音频编辑的操作流程

2.6.1 规划

规划是在音频编辑时制定的一些数量和场景上的规定，具体包括所需音频类型，如语音对白、效果声、主题音乐；各类音频素材长度该如何设定；某些场景该用什么音乐；效果声该如何分类说明；效果声如何与画面配合协调；等等。

2.6.2 采集素材

音频素材的类别不同，采集方式也不同。对于角色的语音对白类素材，需要配音演员在录音室中录制。音效制作的一部分为素材音效，可以通过购买、下载获得；另一部分为原创音效，可以由录音室录制或户外拟音作为音源，也可采集真实的声音或进行声音模拟。

2.6.3 制作

音效的制作包括音频编辑、声音合成、后期处理等步骤。

音频编辑：当原始声音确定后，需要进行音频编辑，如降噪、均衡、剪接等。音频编辑是音效制作过程中最复杂的步骤，也是音效制作的关键所在。简而言之，音频编辑就是将声音素材变成作品所需音效的过程。

声音合成：很多音效都不是单一的元素，需要对多个元素进行合成。比如，游戏中战斗的音效即由多种音效组合而成。合成不仅仅是将两个音轨放在一起，还需要对元素位置、均衡等多方面综合调整。

后期处理：后期处理是对一部作品的所有音效进行处理以达到统一的过程。通常，音效的数量较为庞大、制作周期长，因此需要将所有音频处理成统一的效果。

2.6.4　测试

首先请整个开发团队和一定数量的用户或专家，从整体风格、段落结构等方面进行试听、体验、感受和评定，找出有偏差的地方，然后收集用户或专家的听后意见，再进行综合评估，最后以书面的形式反馈给制作人。

音频的基本概念与编辑流程

2.6.5　修改

按照评定、反馈的意见，进一步修改、制作、合成、调整各种音频素材，使其达到最理想的效果。

2.7　安装与启动 Adobe Audition 2022

2.7.1　安装 Adobe Audition 2022

第一步：下载软件安装包。右键单击压缩包，选择“解压到当前文件夹”选项。右键单击“Set - up. exe”安装程序，如图 2 - 3 所示，选择“以管理员身份运行”选项。

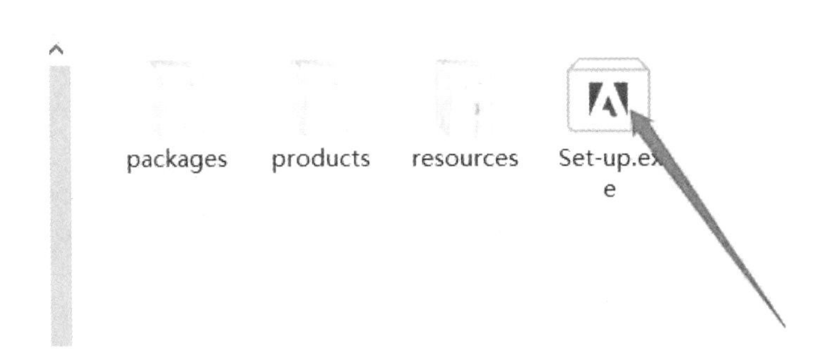

图 2 - 3　Adobe Audition 安装包

第二步：选择软件安装位置。单击界面上灰色的小文件夹图标；单击“更改位置”选项设置软件的安装路径，如图 2 - 4 所示，建议在电脑 D 盘或其他盘创建一个新的文件夹。

第三步：软件安装，如图 2-5 所示。

第四步：软件安装成功后，点击“关闭”选项即可，如图 2-6 所示。该软件图标出现于电脑桌面，如图 2-7 所示。

图 2-4　安装界面

图 2-5　软件安装界面

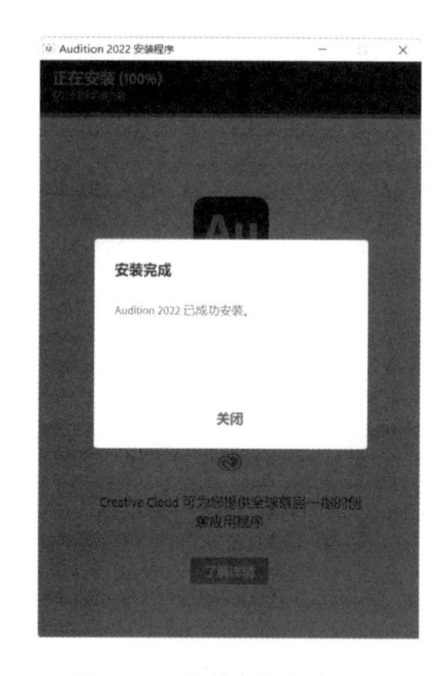

图 2-6　软件安装完成界面

图 2-7　软件图标

2.7.2　启动软件

双击 Adobe Audition 2022 软件图标，或者右键单击该软件图标，在弹出的快捷菜单中选择“打开”选项，即可启动该软件，显示软件启动信息，如图 2－8 所示。稍等片刻，即可进入 Adobe Audition 2022 工作界面，如图 2－9 所示。

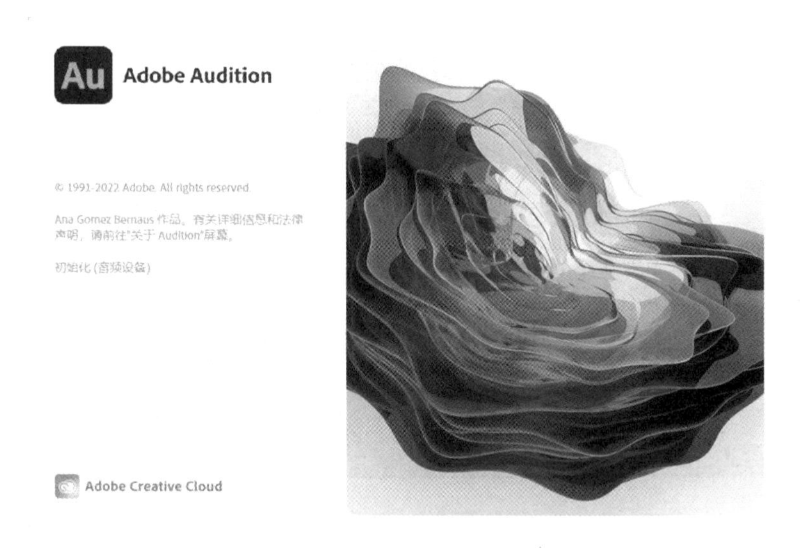

图 2－8　软件启动界面

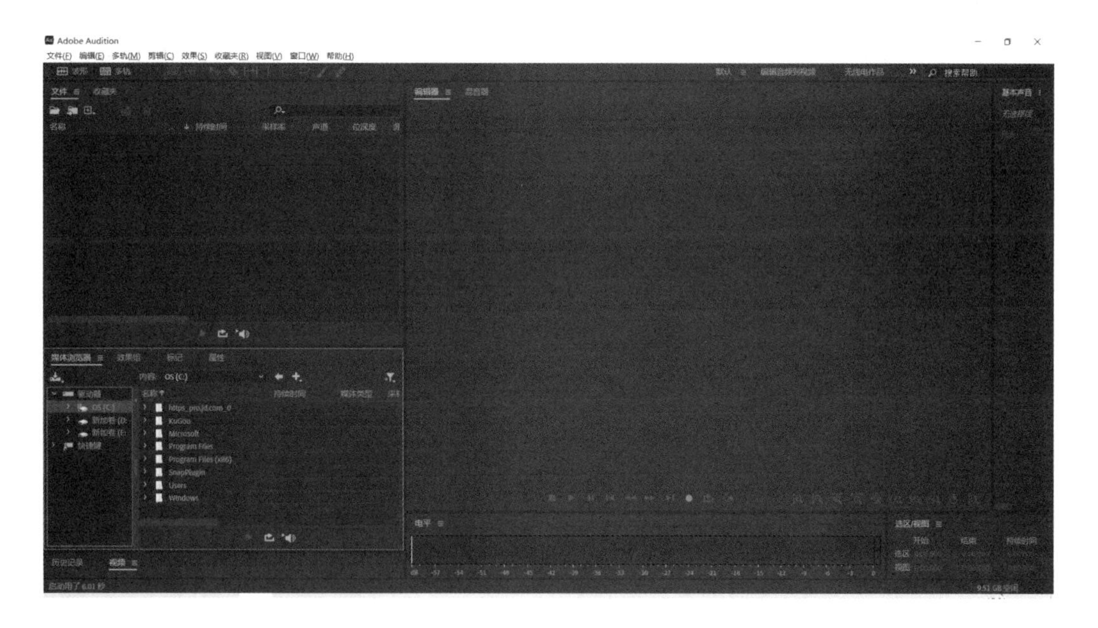

图 2－9　软件工作界面

2.7.3　退出软件

在 Adobe Audition 2022 工作界面的菜单栏中分别单击“文件（F）”“退出（X）”选项，即可退出软件，如图 2－10 所示。

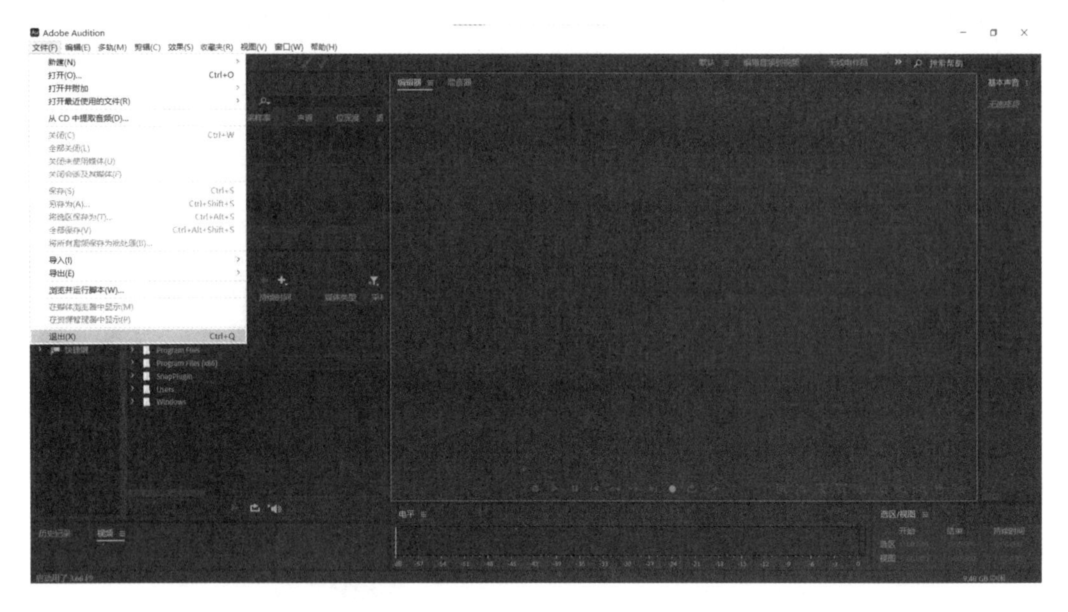

图 2-10　退出软件

2.8　本章小节

常用的音频编辑软件与安装

本章首先介绍了音频的不同类别，包括语音、音乐、环境音效等，以及常见的音频文件格式，如 WAV、MP3、MIDI 等。然后，介绍了常用的音频编辑软件，如 Adobe Audition、GoldWave 等；介绍了音频编辑常用的硬件设备，如声卡、麦克风、调音台等，以及它们在音频编辑过程中的作用和选择原则。在操作流程方面，详细说明了音频编辑的一般步骤，包括规划、采集素材、制作、测试、修改等。最后，介绍了如何安装、启动、退出 Adobe Audition 2022。

第 3 章　Adobe Audition 2022 基本操作

3.1　Adobe Audition 2022 工作界面

3.1.1　波形编辑器界面

波形编辑器界面是专门为编辑单轨波形文件设置的界面。启动 Adobe Audition 2022 后，在菜单栏中分别单击“视图（V）”“波形编辑器（W）”选项，即可进入波形编辑器界面，如图 3－1 所示。

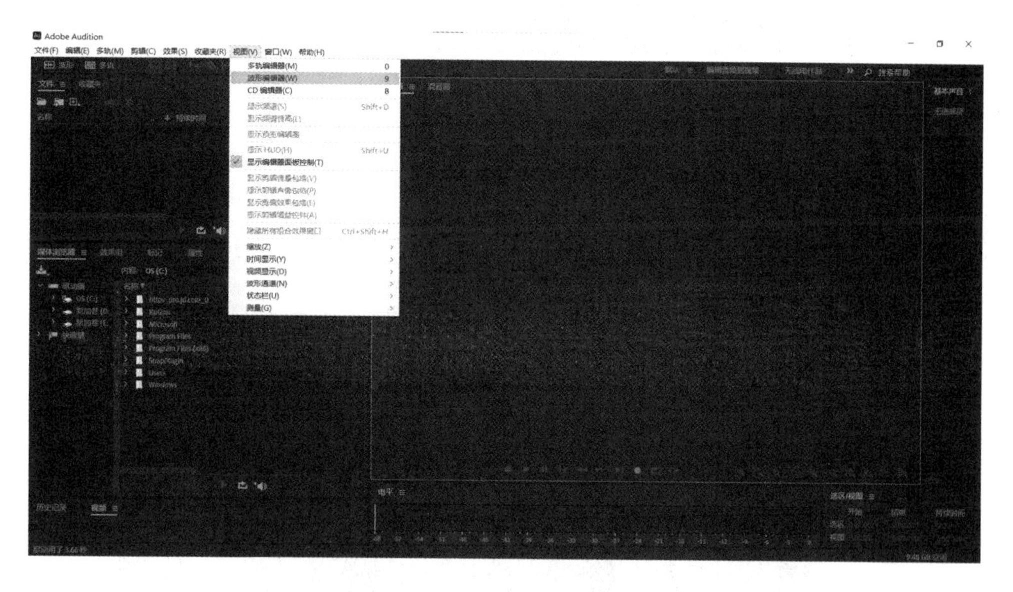

图 3－1　波形编辑器界面

3.1.2　多轨界面

启动 Adobe Audition 2022 后，在菜单栏中分别单击“视图（V）”“多轨编辑器（M）”选项，会弹出“新建多轨会话”对话框，如图 3－2 所示。单击“确定”选项后即可进入多轨编辑器界面，如图 3－3 所示。

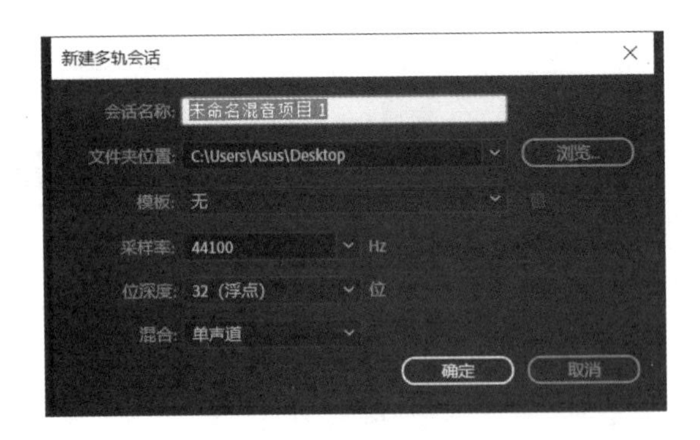

图 3-2 “新建多轨会话”对话框

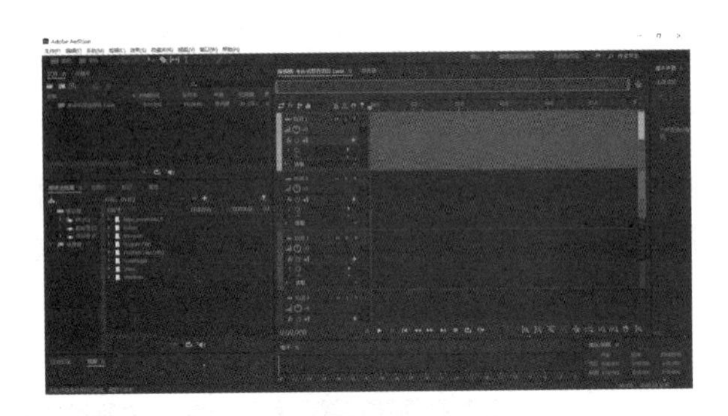

图 3-3 多轨编辑器界面

3.1.3 Adobe Audition 2022 工作界面布局

Adobe Audition 2022 工作界面主要包括标题栏、菜单栏、工具栏、状态栏、面板及编辑器等，如图 3-4 所示。

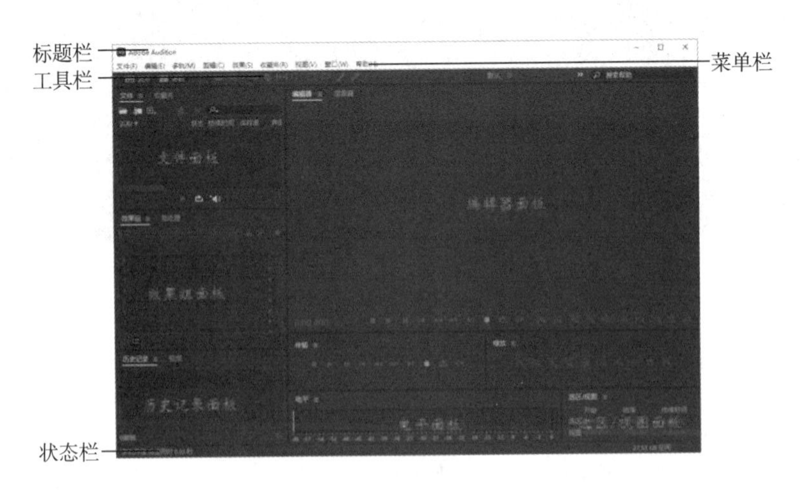

图 3-4 Adobe Audition 2022 工作界面

3.2 Adobe Audition 2022 工作界面的编辑与使用

3.2.1 标题栏

标题栏位于整个工作界面的顶端，显示了当前应用程序的图标和名称，以及用于控制文件窗口显示大小的“最小化”按钮、“最大化”按钮和“关闭”按钮，如图 3-5 所示。

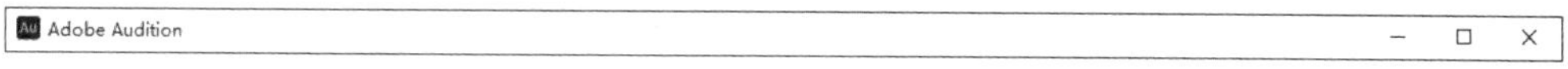

图 3-5 标题栏

3.2.2 菜单栏

菜单栏位于标题栏下方，有“文件（F）”“编辑（E）”“多轨（M）”“剪辑（C）”“效果（S）”“收藏夹（R）”“视图（V）”“窗口（W）”“帮助（H）”共 9 个选项，单击这些选项名称时会弹出相应的下拉菜单，提供了实现各种不同功能的命令。

3.2.3 工具栏

工具栏位于菜单栏下方，提供了一些用于快速访问的工具，可分为视图切换工具、单轨视图选取工具和多轨视图选取工具 3 种类型，最右侧可以进行工作界面样式的选择与编辑操作，如图 3-6 所示。

图 3-6 工具栏

3.2.4 面板

在工作界面中大部分区域显示的是 Adobe Audition 2022 的功能面板，音轨的编辑和剪辑等操作都在这些面板中进行。

在菜单栏单击“窗口（W）”选项，弹出的选项列表中提供了 Adobe Audition 2022 中所有的面板选项，共 28 个，如图 3-7 所示。选项左侧用于展示面板的显示状态，勾选即可将面板显示到工作界面，用户

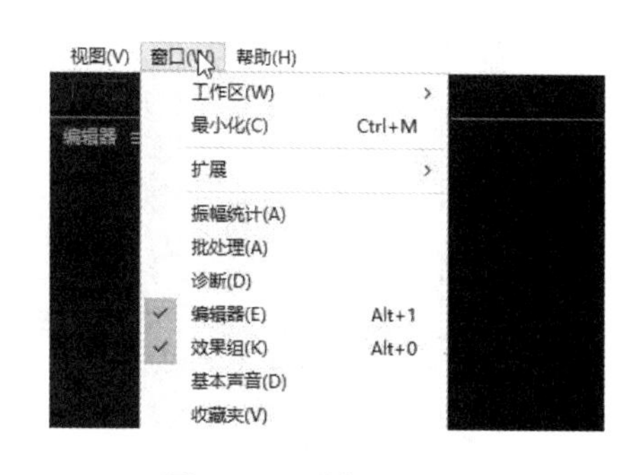

图 3-7 “窗口”选项

可以选择显示较为常用的面板，以提高工作效率。

3.2.5 创建和编辑工作界面

Adobe Audition 2022 的音频应用程序提供了一个系统且可自定义的工作界面，包含了若干针对特定任务优化了面板布局的预定义模板。分别单击“窗口（W）”“工作区（W）”选项，可显示所有的预定义工作界面选项，如图 3-8 所示。

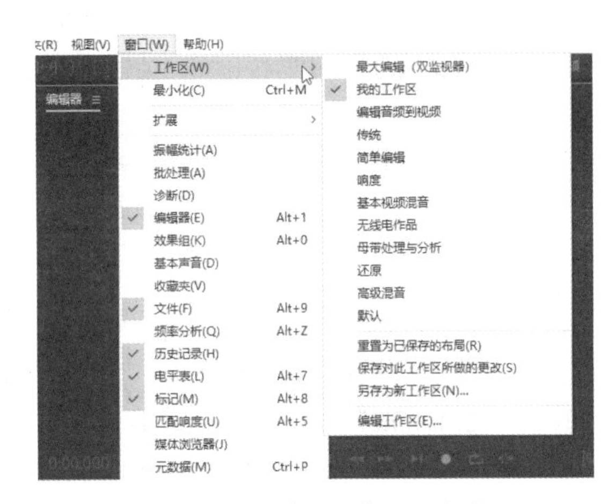

图 3-8　预定义工作界面选项

3.3 Adobe Audition 2022 编辑器

3.3.1 多轨编辑器

多轨编辑器界面如图 3-9 所示。

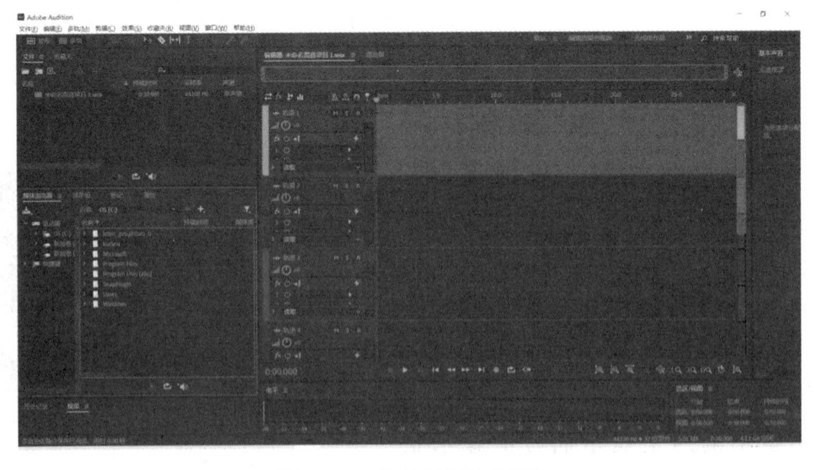

图 3-9　多轨编辑器界面

3.3.2 波形编辑器

波形编辑器界面如图 3-10 所示。

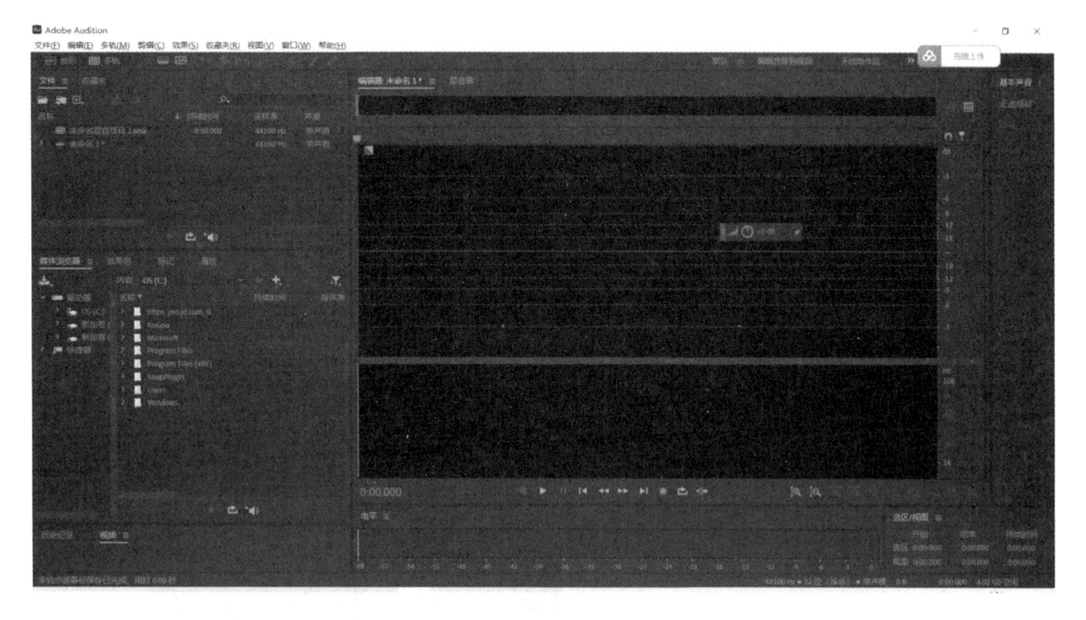

图 3-10 波形编辑器界面

3.4 音频的输入与输出

Adobe Audition 2022
工作界面

3.4.1 音频输入

Adobe Audition 2022 可以将计算机中已存在的音频文件导入软件的“编辑器”工作界面进行应用，如图 3-11 所示。

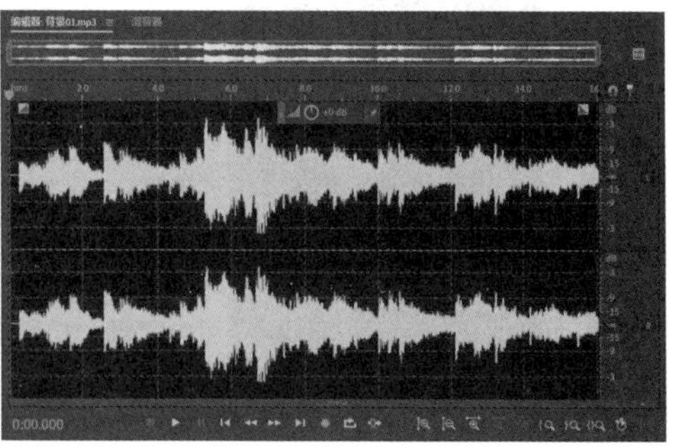

图 3-11 将音频文件导入编辑器

3.4.2 音频输出

第一步：在菜单中分别单击“文件（F）”“导出（E）”“文件（F）”选项，如图 3 - 12 所示。

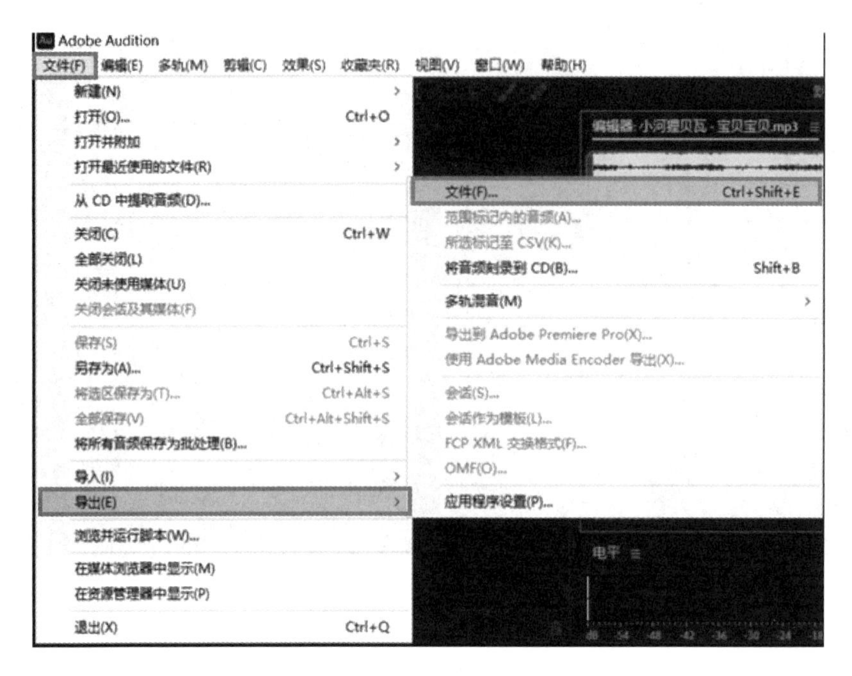

图 3 - 12 “文件”选项

第二步：弹出“导出文件”对话框后，单击“位置”右侧的“浏览”选项；弹出“另存为”对话框后，设置文件的导出文件名和导出位置，单击“保存”选项，如图 3 - 13所示。

图 3 - 13 “另存为”对话框

第三步：回到“导出文件”对话框，在“位置”右侧的文本框中单击“格式”右侧的下三角形按钮，并在弹出的列表框中选择“MP3 音频（*.mp3)”选项，如图 3-14 所示。

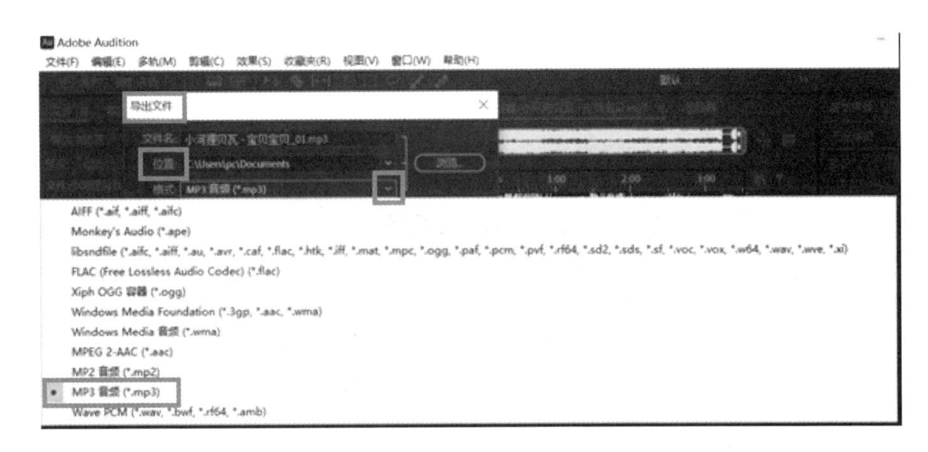

图 3-14　设置 MP3 音频格式

第四步：单击“确定”选项即可将音频文件导出为 MP3 格式。

3.5　新建文件的基本操作

3.5.1　新建多轨文件

多轨会话是在多条音频轨道上合成不同的音频文件。如果想将两个或两个以上的声音文件混合成一个声音文件，就需要新建多轨会话。“新建多轨会话”对话框如图 3-15所示。

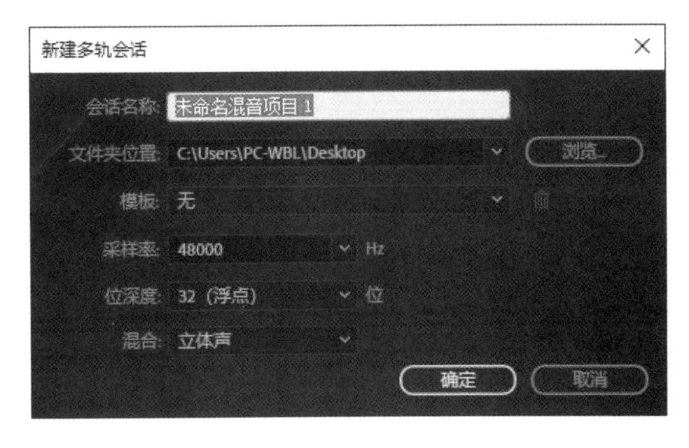

图 3-15　“新建多轨会话”对话框

3.5.2 新建音频文件

使用 Adobe Audition 2022 进行录音时首先需要创建一个新的音频文件，而新的空白音频文件最适合录制新音频或者合并粘贴音频。“新建音频文件”对话框如图 3-16 所示。

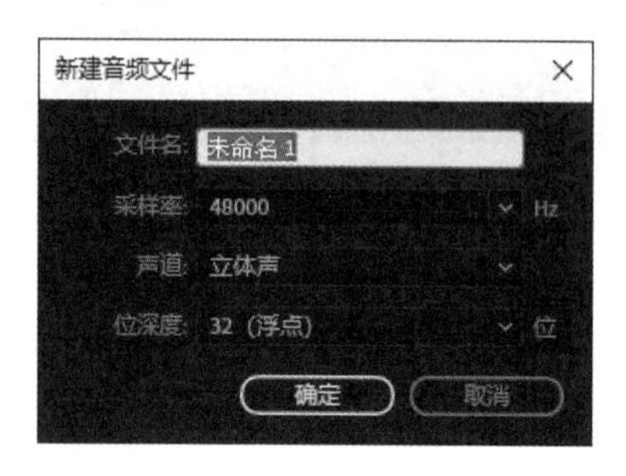

图 3-16 “新建音频文件”对话框

3.6 打开音频文件

3.6.1 打开文件

Adobe Audition 2022 可以在单轨界面中打开多种支持的声音文件或视频文件中的音频部分，也可以在多轨界面中打开 Audition 会话、Adobe Premiere Pro 序列 XML、Final Cut Pro XML 交换和 OMF 的文件，如图 3-17 所示。

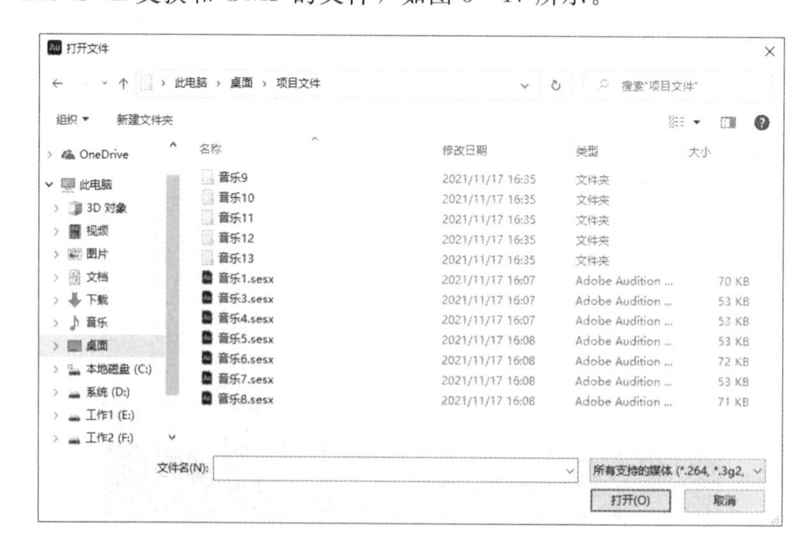

图 3-17 “打开文件”对话框

3.6.2　打开最近使用文件

在菜单中分别单击“文件（F）”“打开最近使用文件（R）”及项目名称选项，如图 3－18 所示。

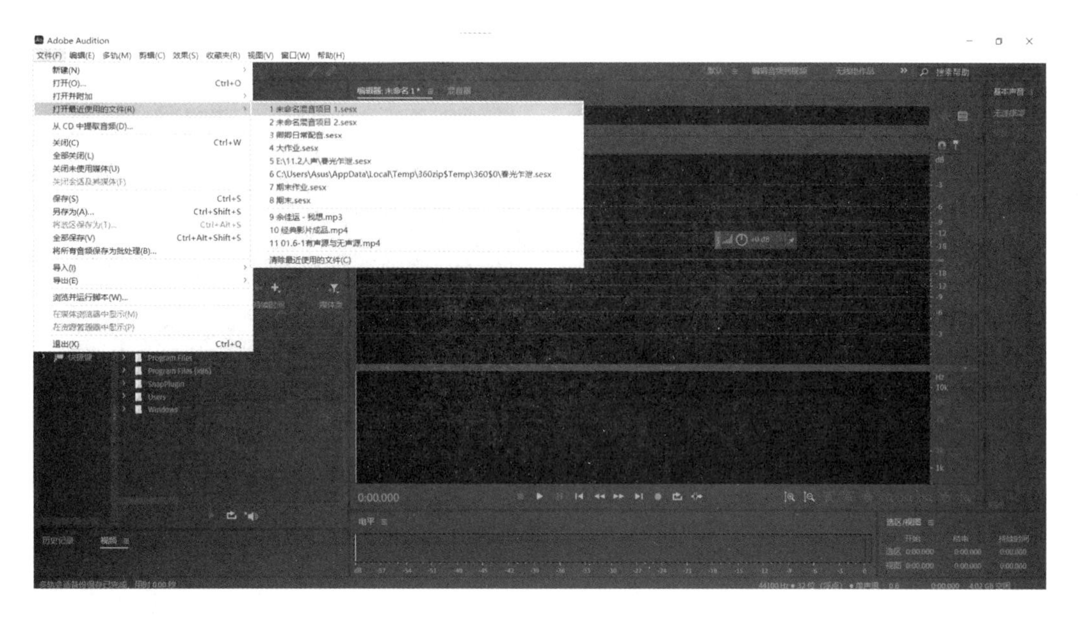

图 3－18　“打开最近使用文件”选项

3.7　保存音频文件

项目文件制作完成后，用户可以对项目文件进行“保存”“另存为”“将选区保存为”“全部保存”“将所有音频保存为批处理”等操作。

3.7.1　保存文件

在波形编辑器中，用户可以采用各种常见格式来保存音频文件，所选择的格式取决于计划使用文件的方式。分别单击“文件”“保存”选项，系统会弹出“另存为”对话框。在该对话框中可以设置文件名称、存储位置、格式等参数，如图 3－19 所示。

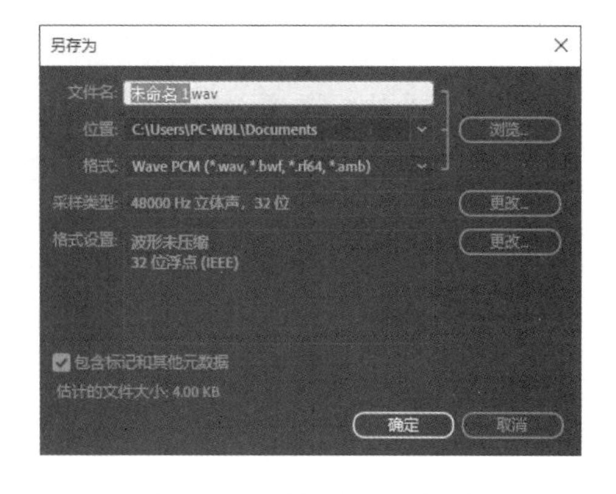

图 3－19　“另存为”对话框

3.7.2 另存为

如果需要以不同的文件名保存更改，可分别单击“文件”“另存为”选项进行保存，系统会弹出“另存为”对话框。音频文件“另存为”所弹出的对话框与“保存”选项弹出的对话框相同。

3.7.3 将选区保存为

要将当前选区内的音频片段另存为新文件，可分别单击“文件”“将选区保存为”选项，系统会弹出“选区另存为”对话框，如图 3-20 所示。

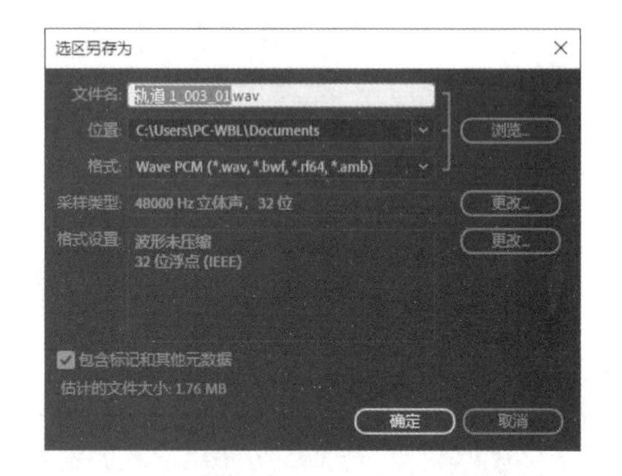

图 3-20 “选区另存为”对话框

3.7.4 将所有音频保存为批处理

在音频处理过程中，可能会遇到大量音效音乐需要做同一种处理，如将多种格式的音频文件转换为统一格式。全部手动操作无疑工作量十分巨大，这里就要使用到“批处理”功能。分别单击“文件”“将所有音频保存为批处理”选项，会将全部音频文件放入“批处理”面板，以便为保存做准备，如图 3-21 所示。

图 3-21 “批处理”对话框

音频的输入输出与保存

3.8　录音的内录和外录

3.8.1　内录

内录是将正在播放的声音由设备内部录制下来的过程，通常是由计算机自带的录音机或者录音软件来完成。这种录制方法不受外界干扰，音频信号不受损失，录制质量较好。例如，在网络上遇到有一些歌曲或者背景音乐无法下载时，就可采用内录的方法进行录制。

3.8.2　外录

外录是把外部的声音通过麦克风或者录音机的拾音设备传输到录音系统，再将声音信号录制在存储介质中。这种录制方式容易受到外界干扰、声音信号容易失真，但录制人声等多种声音信号较为方便。

3.9　单轨编辑器中的录音

使用单轨录音时，用户可以录制来自插入到声卡“线路输入”端口的麦克风或任何设备的音频。可将麦克风与计算机声卡的 Microphone 接口连接，再设置录音选项的来源为“麦克风”，如图 3－22 所示。

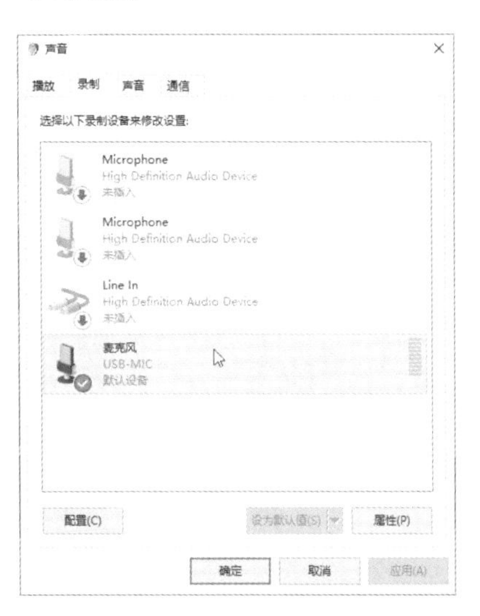

图 3－22　“麦克风”选项

3.10 多轨编辑器中的录音

多轨录音是同时在多个音轨中录制不同的音频信号，然后通过混合获得一个完整的作品。多轨录音还可以先录制好一部分音频保存在音轨中，再进行其他部分的录制，最终再将它们混合制作成一个完整的波形文件。

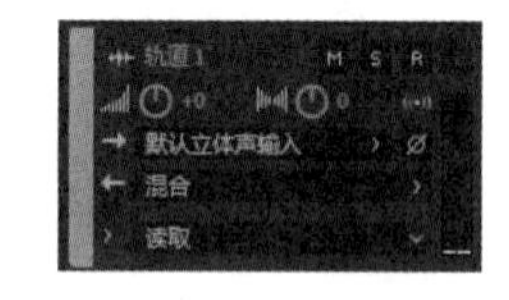

图 3－23　音轨控制区

在多轨编辑器面板中可以看到每个轨道的左侧都有一个音轨控制区，如图 3－23 所示，用于音频的控制操作。音轨控制区的控制功能可分为两类：一类是由一组固定功能组成，包括播放、静音、录音、监听、音量、立体声平衡等；另一类则是由变化的控制功能组成，即根据控制模式的不同显示不同的功能。

3.11 音频的播放

音频的播放界面如图 3－24 所示。

图 3－24　音频的播放界面

3.12 本章小结

本章介绍了 Adobe Audition 2022 工作界面，针对实际的工作需求，讲解了音频输入与输出的方法、新建多轨文件的方法、打开和保存音频文件的方法及如何在单轨编辑器和多轨编辑器中录音的方法。

第 4 章　音频剪辑

4.1　编辑波形的方法

第一步：打开 Adobe Audition 2022 软件。

在菜单栏中分别单击“文件（F）”“打开（O）”（快捷键：“Ctrl＋O”）选项，以浏览并选择我们要编辑的音频文件，如图 4－1 所示。

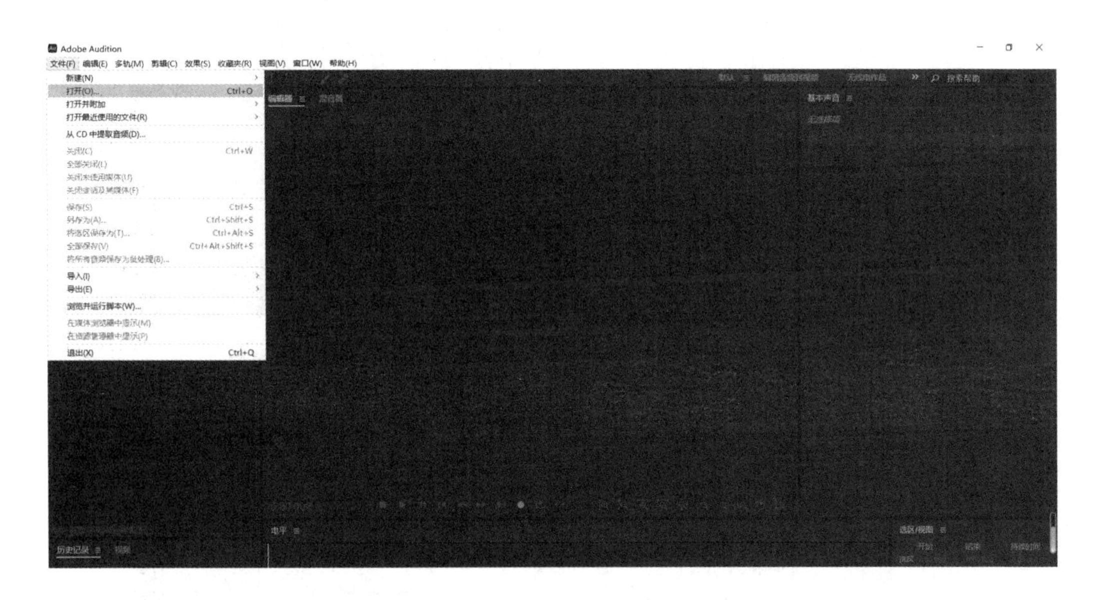

图 4－1　打开文件

第二步：单击“打开（O）”选项以导入音频文件，如图 4－2 所示。

第三步：导入后，音频文件将显示在波形编辑器中。可以使用鼠标滚轮或滑动条来放大或缩小波形以获得更好的视图，如图 4－3 所示。

第四步：使用选择工具选择要编辑的音频区域（快捷键：“V”）。

使用导航工具浏览整个音频文件，如图 4－4 所示，找到需要编辑的部分。

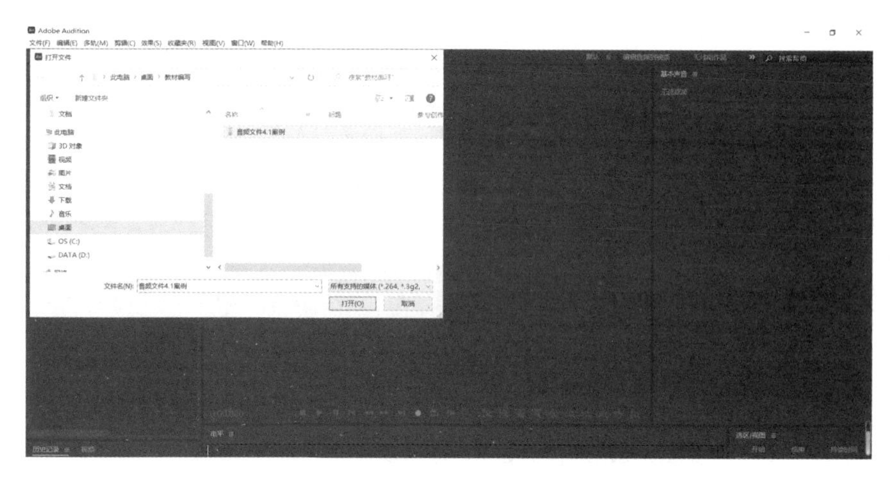

图 4-2　导入音频文件

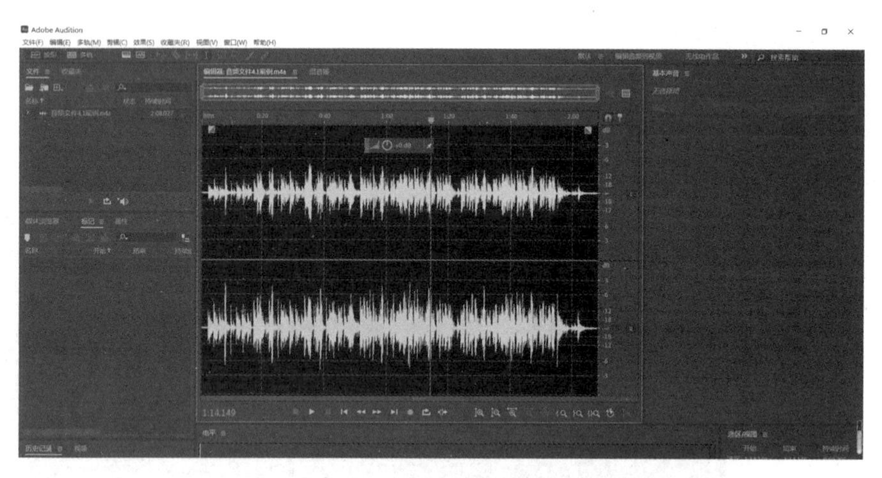

图 4-3　波形编辑器

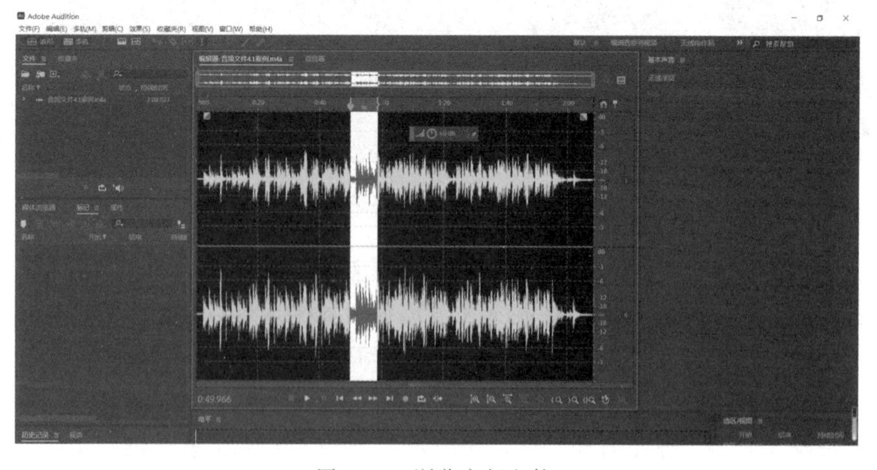

图 4-4　浏览音频文件

第五步：选择要编辑的音频区域后，可以使用快捷键进行剪切（快捷键：“Ctrl+X”）、复制（快捷键：“Ctrl+C”）和粘贴（快捷键：“Ctrl+V”）音频片段，也可以使用编辑菜单中的相应选项执行这些操作。

4.2　波形的编辑与修剪

4.2.1　剪辑

第一步：使用选择工具选择要剪辑的音频部分（快捷键：“V”），如图 4-5 所示。

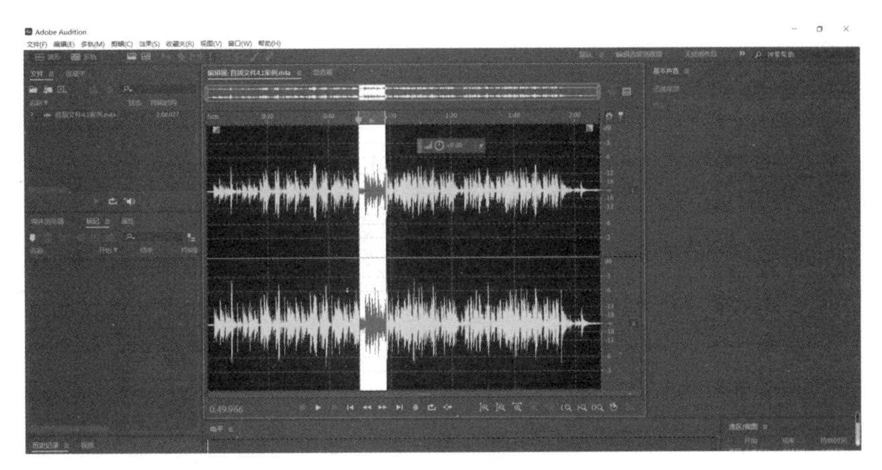

图 4-5　选择需剪辑的音频部分

第二步：单击菜单中的“剪切（T）”选项来剪切选择的部分（快捷键：“Ctrl+X”），如图 4-6 所示。

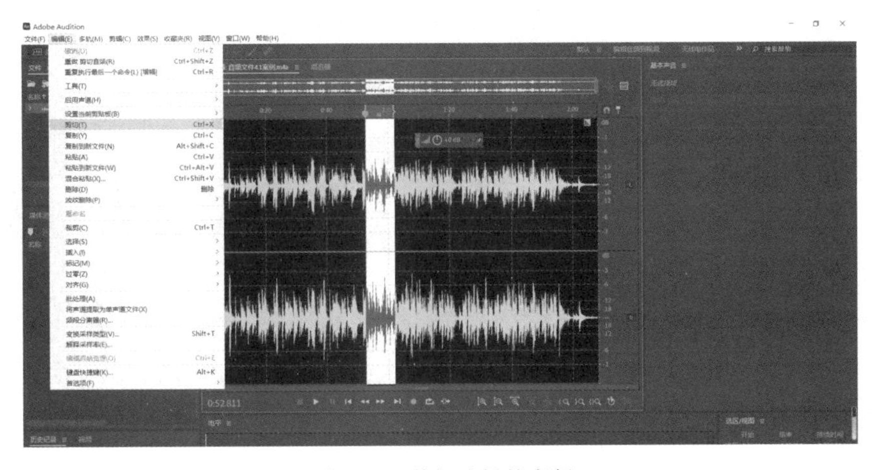

图 4-6　剪切选择的音频

4.2.2 淡入淡出

第一步：选择要应用淡入或淡出的音频。

第二步：在音频区域找到方形图标，单击该图标，向右拖动就可以设置淡入的时长，如图 4－7 所示。

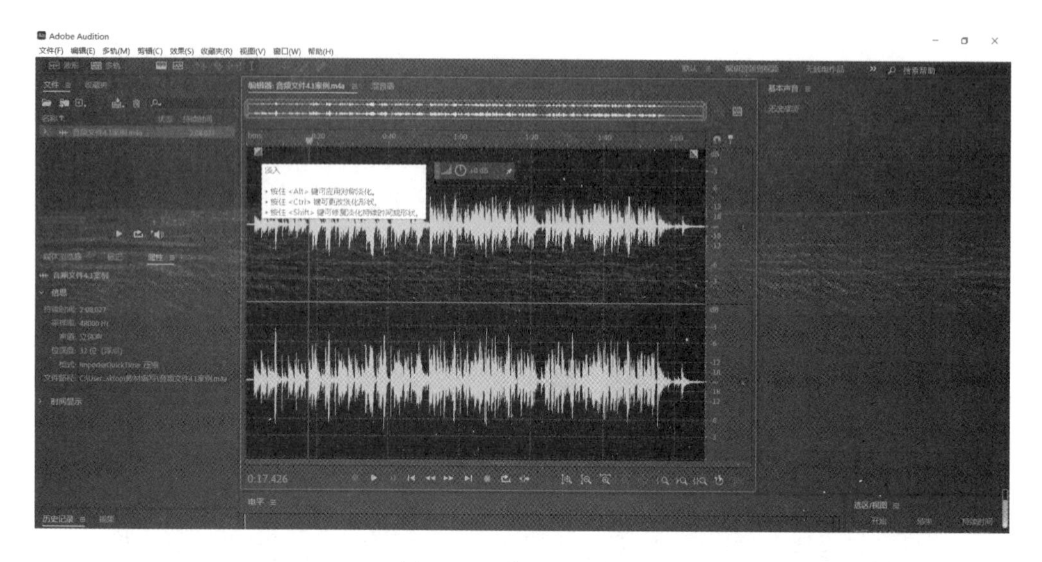

图 4－7　设置淡入时长

第三步：设置淡出效果时，先选中需要设置淡出效果的音频部分，然后在“效果(S)”选项的下拉列表中单击“振幅与压限（A）”选项，再单击“淡化包络（处理）(F)”选项，如图 4－8 所示。

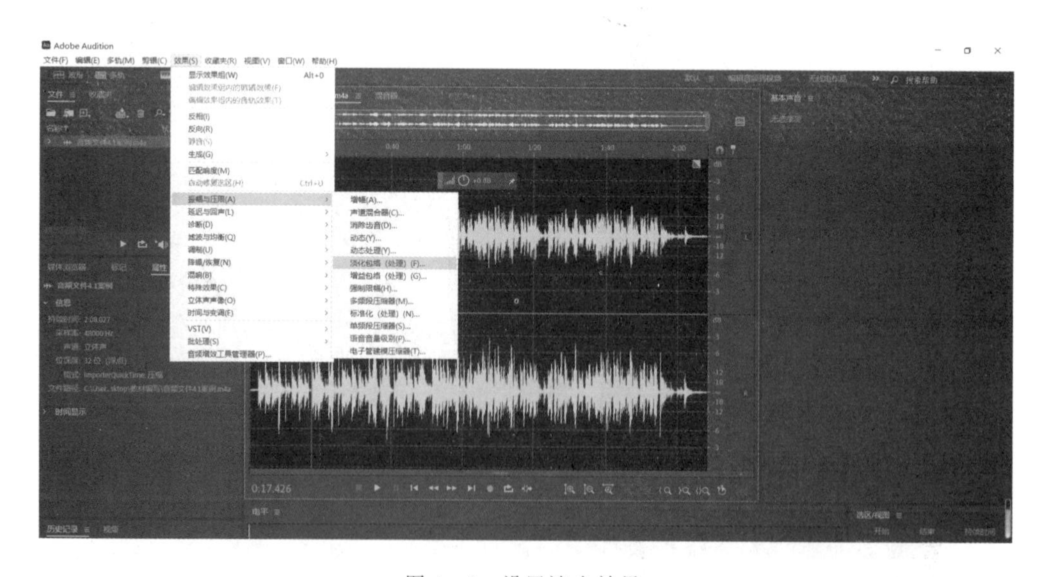

图 4－8　设置淡出效果

第四步：在“淡化包络”对话框中，将“预设”设置为“平滑淡出”选项，如图 4-9所示。

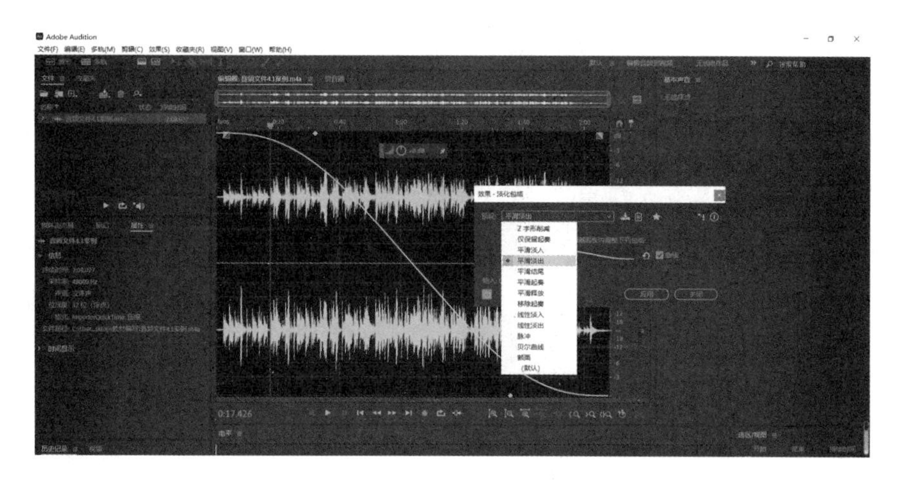

图 4-9　设置“平滑淡出”效果

第五步：在音频页面中拖动菱形图标设置淡出的效果。设置完成之后，单击“应用”选项即可，如图 4-10 所示。

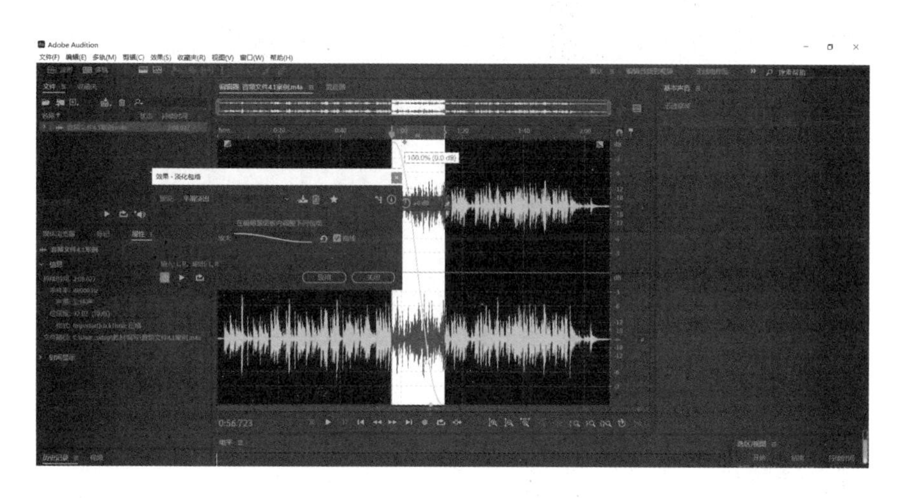

图 4-10　设置淡出效果

4.3　音频的标记

4.3.1

第一步：在需要添加标签的位置，分别单击“编辑（E）”“标记（M）”（快捷键：“M”）选项来添加标签，如图 4-11 所示。

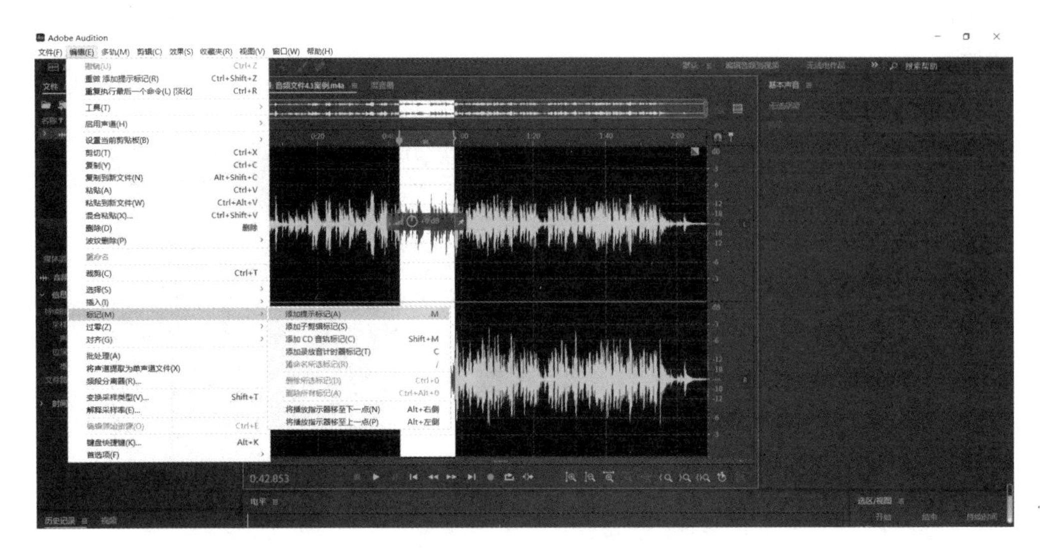

图 4－11　添加标签

第二步：为标签添加适当的名称和描述，如图 4－12 所示。

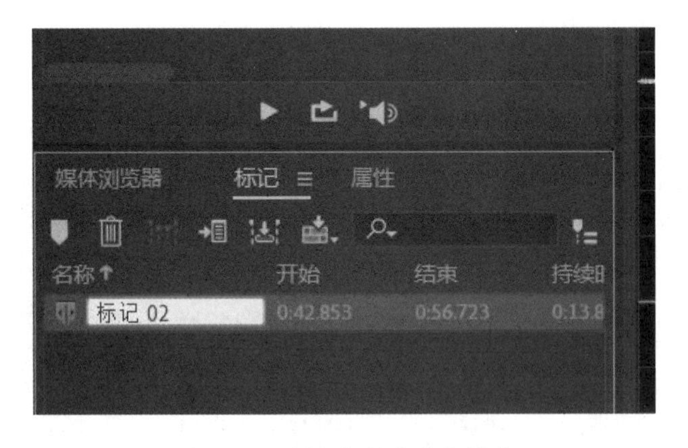

图 4－12　添加标签名称和描述

4.3.2　导航至标签

在标记列表中，单击标签名称即可快速导航到特定的音频位置。

4.4　零点交叉和对齐的剪辑操作

第一步：使用文件菜单或快捷键“Ctrl＋O”导入音频文件。

第二步：在左侧的文件窗格中，创建一个多轨道会话，如图 4－13 所示。

第三步：将音频文件拖放到多轨道编辑窗口中，如图 4－14 所示。

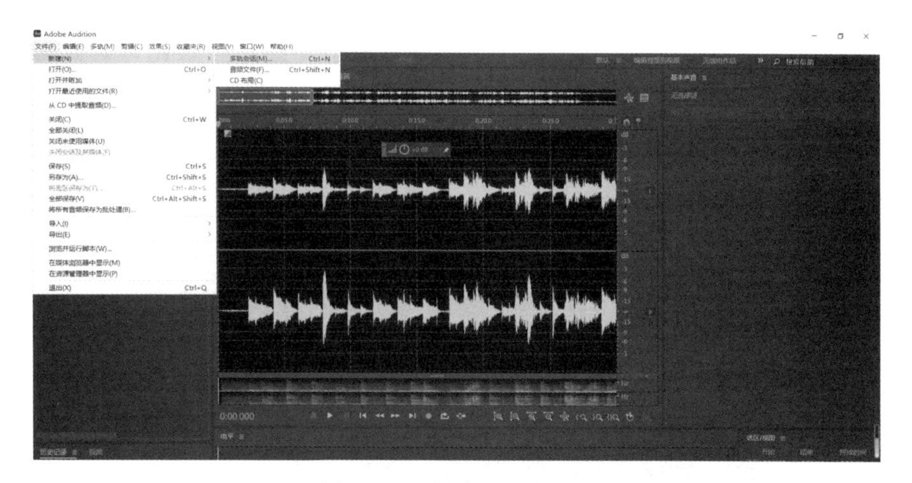

图 4 - 13　创建多轨道会话

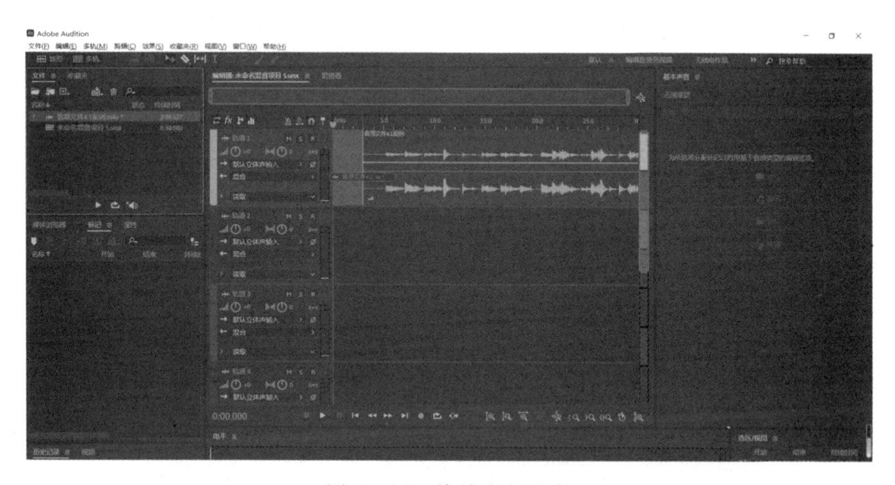

图 4 - 14　拖放音频文件

第四步：在多轨道编辑窗口中，找到想要进行零点交叉和对齐的位置。使用选择工具（快捷键：“T”）选择要剪辑的音频区域，如图 4 - 15 所示。

图 4 - 15　选择剪辑区域

第五步：使用剪切工具（快捷键：“R”）剪切选定的区域，如图 4－16 所示。

第六步：在想要插入音频的位置，使用粘贴工具（快捷键：“Ctrl＋V”）将之前剪切的音频粘贴到正确的位置，如图 4－17 所示。

第七步：使用移动工具（快捷键：“V”）微调音频的位置，确保它们在时间轴上无缝连接，如图 4－18 所示。

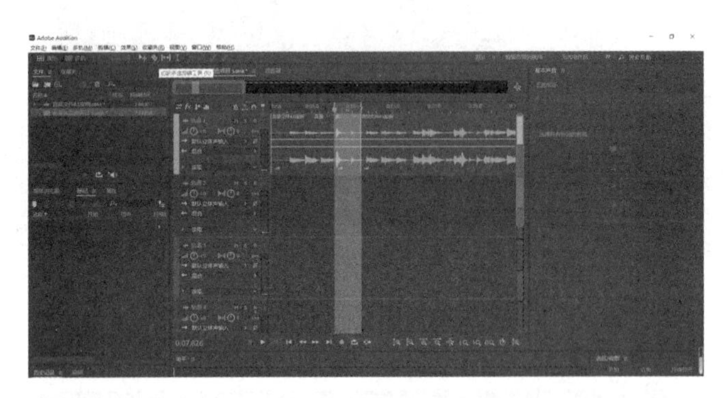

图 4－16　剪切选定区域

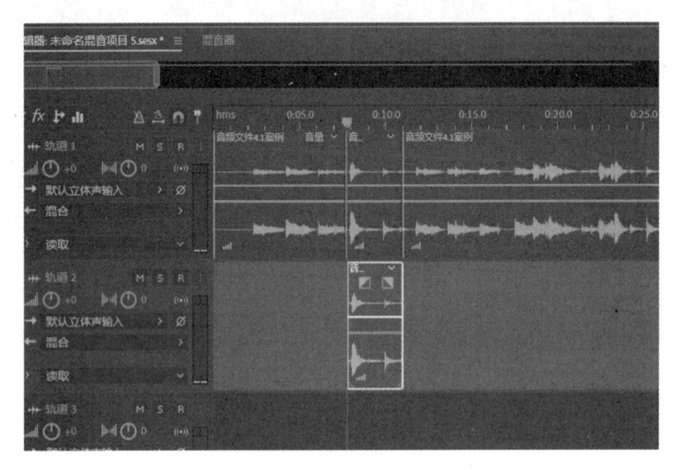

图 4－17　粘贴音频

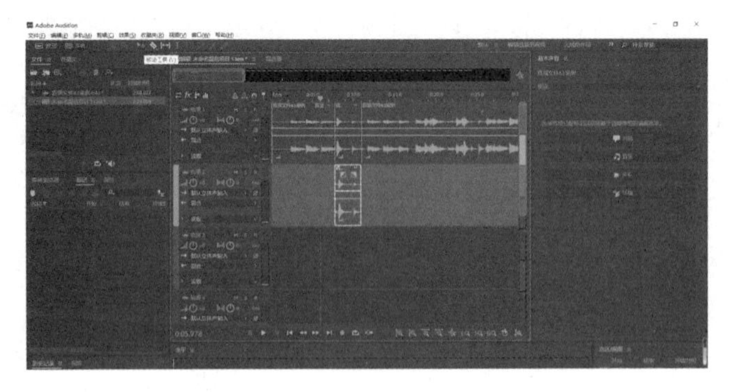

图 4－18　微调音频位置

4.5　音频采样率的转换

第一步：在菜单栏“编辑（E）”选项中，单击“变换采样类型（V）”选项，如图 4－19 所示。

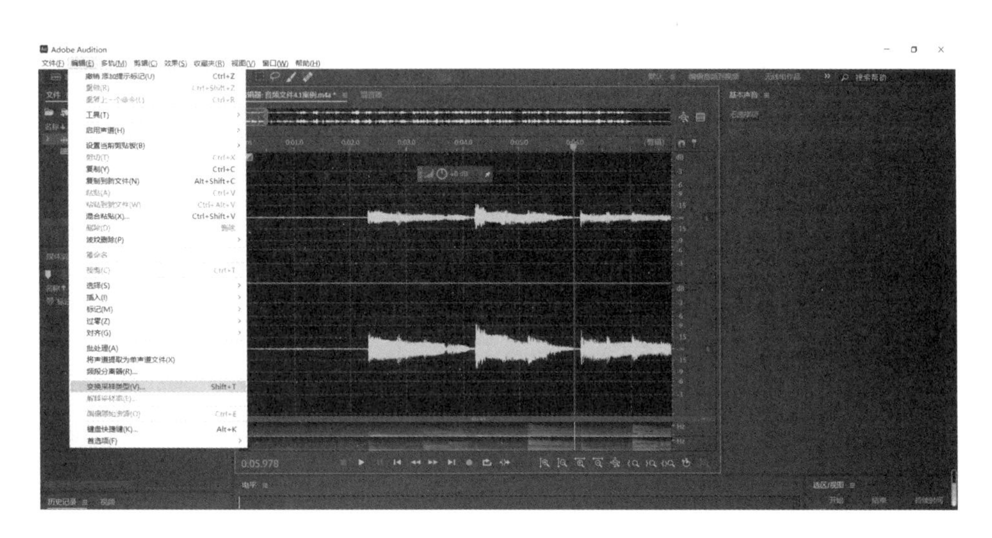

图 4－19　单击“变换采样类型”选项

第二步：在出现的对话框中，可以选择新的采样率（例如，从默认转换为 44.1 kHz）。调整其他参数，如位深度和通道数，以满足需求，如图 4－20 所示。

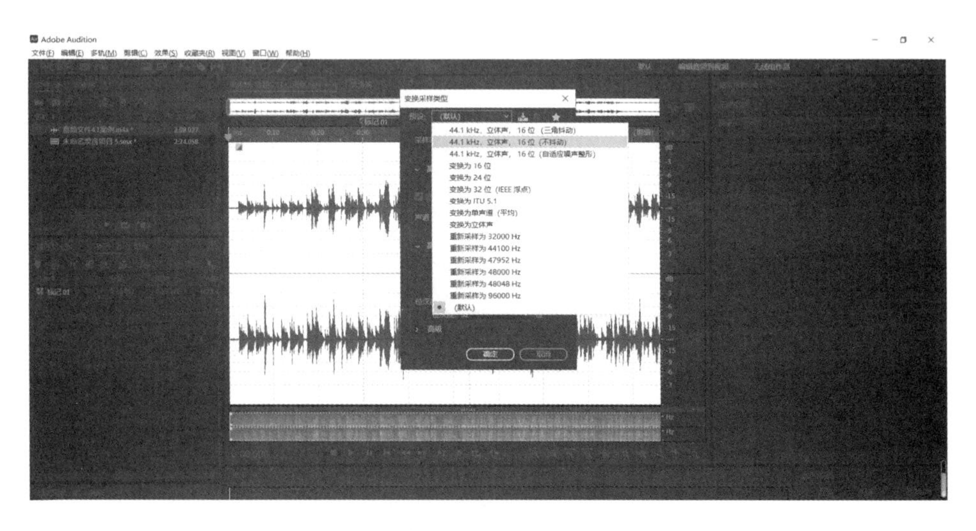

图 4－20　选择采样率

第三步：单击“确定”选项以应用设置。

4.6 本章小结

Adobe Audition 音频单轨编辑 1-音频单轨编辑基础及音频效果处理

本章介绍了如何使用 Adobe Audition 2022 编辑音频波形；讲解了选择、剪切、复制、粘贴、淡入淡出等基本编辑方法及如何标记音频、零点交叉剪辑和对齐剪辑等。

第 5 章　音频单轨的编辑

5.1　运用工具编辑单轨音频

打开 Adobe Audition 2022 并导入要编辑的音频文件。
使用选择工具（快捷键："V"）选择音频区域。
使用剪切工具（快捷键："R"）来剪切音频。
使用复制工具（快捷键："Ctrl+C"）复制音频。
使用粘贴工具（快捷键："Ctrl+V"）粘贴音频。
使用移动工具（快捷键："V"）来移动音频到所需的位置。

5.2　音频静音的处理

第一步：使用选择工具选择要静音的音频区域，如图 5-1 所示。

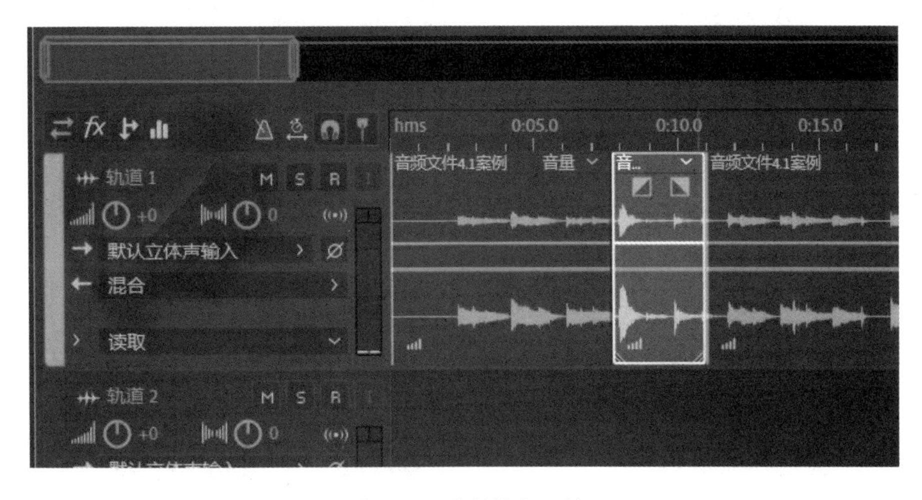

图 5-1　选择静音区域

第二步：单击右键，在菜单中选择“静音”选项，将所选区域变为静音，如图 5-2 所示。

图 5-2　设置静音

5.3　音频的反相与前后反向

第一步：使用选择工具（快捷键：“V”）选择音频区域。

第二步：在“效果（S）”选项中选择“反相（I）”选项来反相所选区域的音频，如图 5-3 所示。

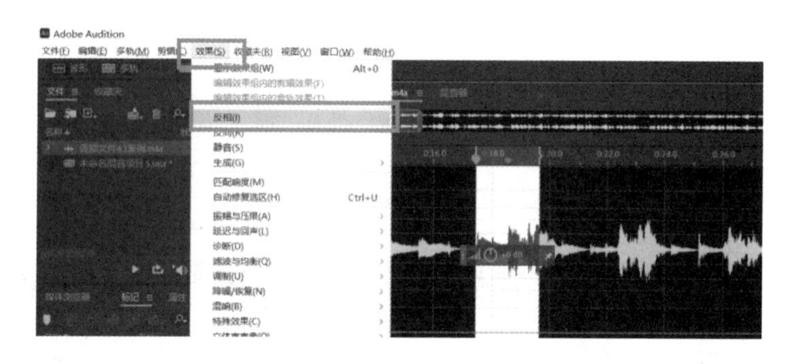

图 5-3　设置反相

第三步：若要前后反向音频，可以使用“反向（R）”选项，也可以使用快捷键“Ctrl+R”进行操作，如图 5-4 所示。

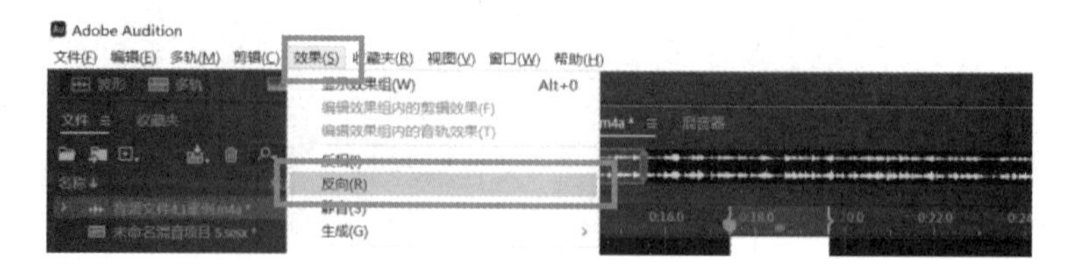

图 5-4　“反向”选项

5.4　降噪与修复音频效果

在“效果（S)”选项中选择“降噪/恢复（N)”选项，如“降噪（处理）（N)”或“咔嗒声/爆音消除器（处理）（E)”，如图 5－5 所示。

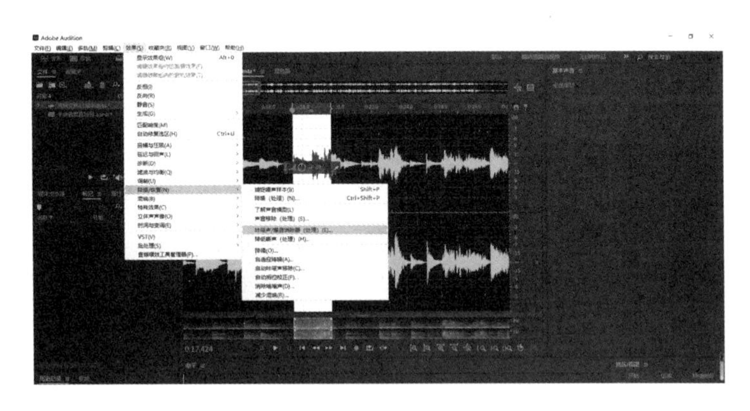

图 5－5　“降噪/恢复”选择

根据需要调整效果参数，应用效果以减少噪音或修复音频。

5.5　时间与变调

在“效果（S)”选项中分别单击“时间与变调（E)”“伸缩与变调（处理）（S)”选项来更改音频的持续时间和音频的音调，如图 5－6 所示。

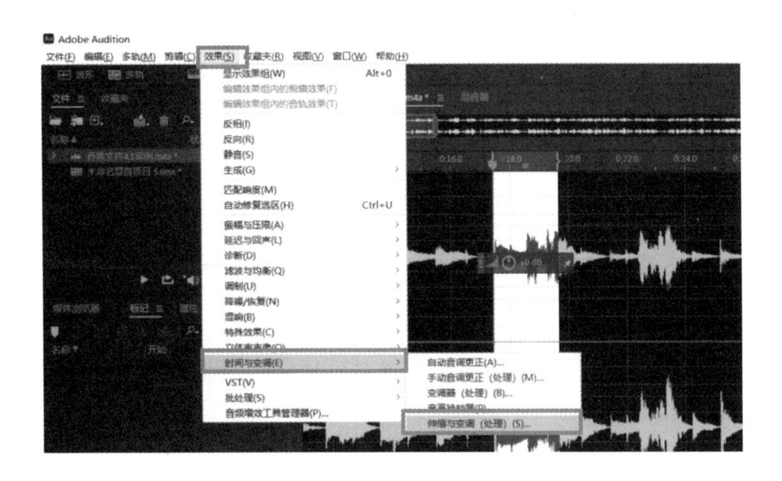

图 5－6　“伸缩与变调”选择

5.6 撤销、重做和重复的命令操作

使用快捷键“Ctrl＋Z”来撤销上一步操作。

使用快捷键“Ctrl＋Y”来重做已撤销的操作。

使用快捷键“Ctrl＋Shift＋Z”来重复上一步操作。

5.7 本章小结

本章介绍了如何运用工具编辑单轨音频，包括剪切、复制、粘贴和移动音频；讨论了音频静音处理、反相、降噪和修复效果，以及时间和音调的变换；介绍了如何执行撤销、重做和重复操作，以便更好地管理音频编辑过程。

第 6 章　多轨会话的合成与制作

6.1　创建多轨会话

在音频制作中，创建多轨会话是一种常见的的音频编辑方式，以分层和灵活的方式管理和编辑不同音频元素。本章将介绍多轨会话的概念和用途，以及如何在 Adobe Audition 2022 中创建新的多轨会话项目。本章还将讨论采样率、位深度和项目设置的重要性，并提供选择合适的多轨会话模板建议。

6.1.1　多轨会话的概念与用途

多轨会话编辑是音频制作中的一种常用编辑方式。它为音频制作者提供了一种灵活的方式，即将不同音频元素组合到一个项目中，以便进行后期编辑、混音和制作。

多轨会话的用途如下。

分层和编辑：可以将不同音频元素，如音乐、对话、声音效果等，分别录制到不同的音轨上。这使得用户能够独立编辑每个音频元素，以确保它们在项目中的定位和质量达到预期。

混音和效果处理：多轨会话能够在一个项目中混合不同音频元素，调整音量、平衡和效果，以创造丰富的声音。而这对于音乐制作、电影制作和声音设计非常重要。

6.1.2　在 Adobe Audition 2022 中创建多轨会话项目

第一步：启动 Adobe Audition 2022 软件，如图 6 - 1 所示。

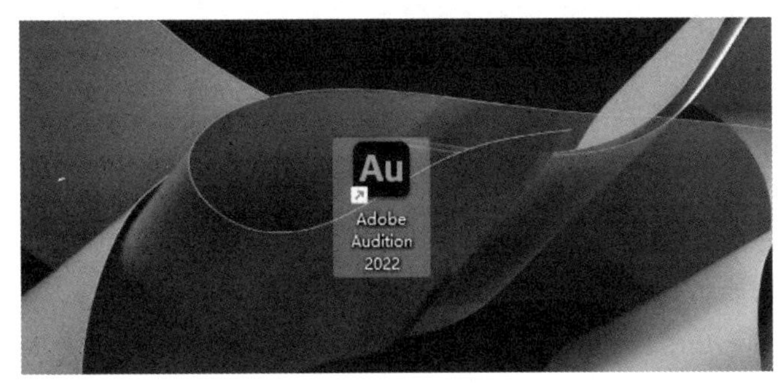

图 6 - 1　启动软件

第二步：从主菜单中分别单击“文件（F）”“新建（N）”“多轨会话（M）”选项，如图 6-2 所示。

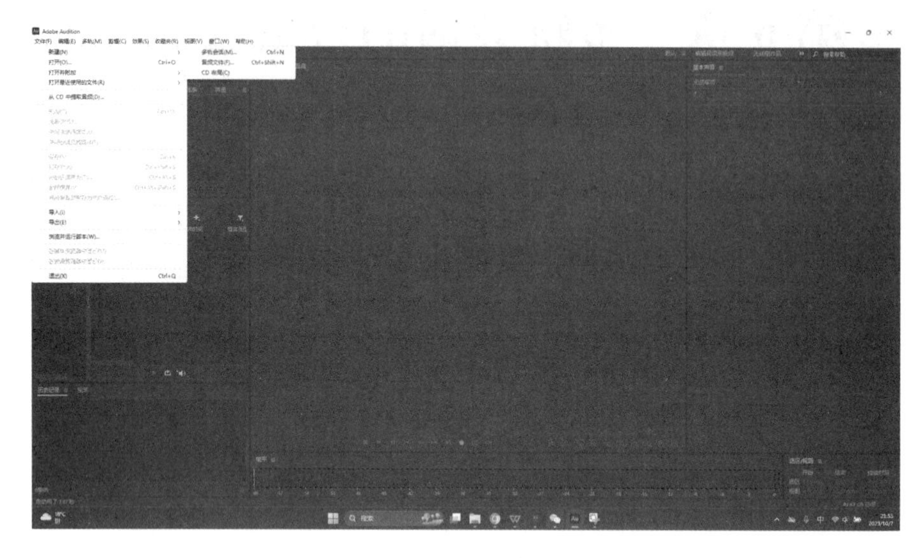

图 6-2　新建“多轨会话”

第三步：在弹出的对话框中，设置项目的名称和存储位置，如图 6-3 所示。确保为项目选择一个清晰的名称，并将其保存在适当的文件夹中。

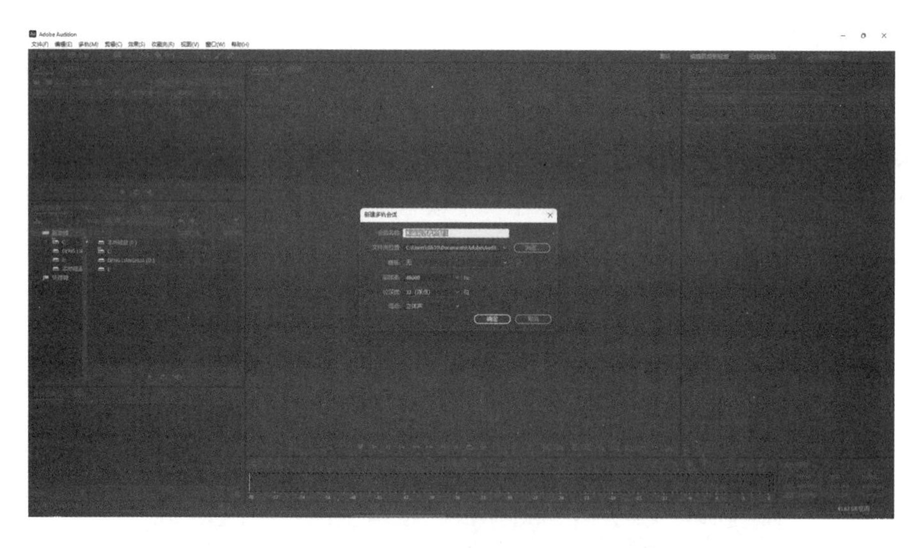

图 6-3　设置项目名称和存储位置

第四步：在同一对话框中，选择项目的采样率和位深度，如图 6-4 所示。这两个设置直接影响项目的音频质量，因此选择合适的设置非常重要。

第五步：单击“创建”按钮，Audition 将会为使用者创建一个新的多轨会话项目，并打开编辑界面，如图 6-5 所示。

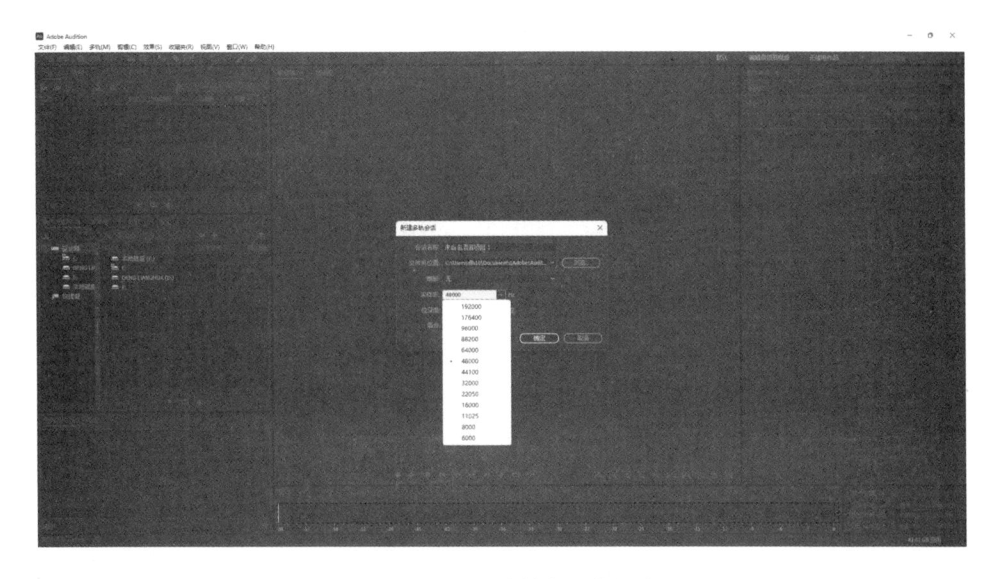

图6-4　选择采样率和位深度

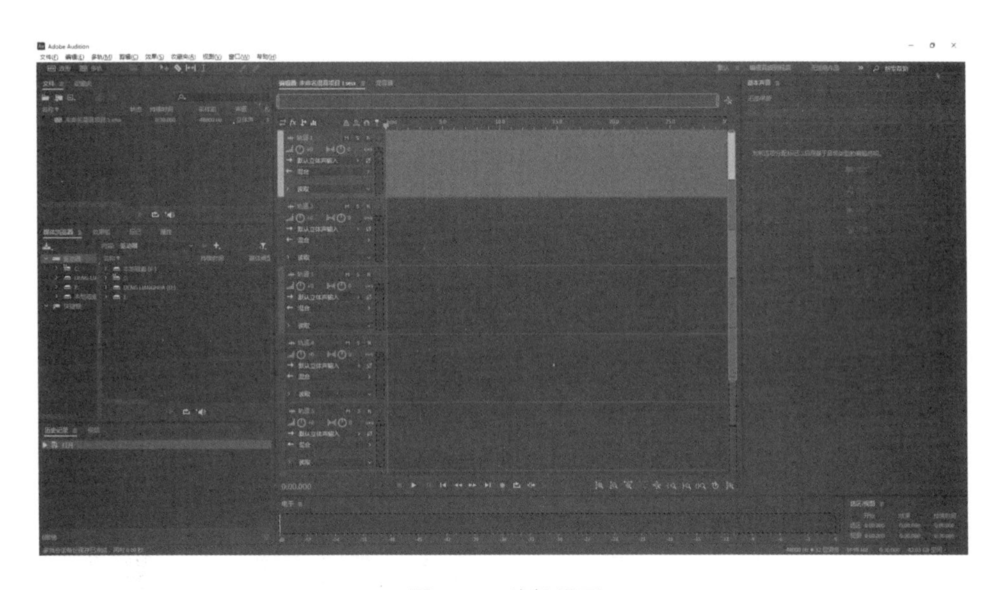

图6-5　编辑界面

6.1.3　采样率、位深度和项目设置的重要性

采样率：在一秒钟内对音频信号进行采样的次数。较高的采样率可以提供更高的音频质量，但也会占用更多的存储空间。通常情况下，CD质量音频的采样率为44.1 kHz，而高分辨率音频可以达到96.1 kHz或更高。

位深度：每个样本的精度。较高的位深度可以捕捉更多的音频细节，但也会产生更大的文件。常见的位深度为16位和24位。

项目设置：选择适当的采样率和位深度非常重要，因为它们会直接影响整个项目的音频质量。应根据项目需求和最终输出目标来选择设置，以确保项目在最佳质量下工作。

6.1.4 选择合适的多轨会话模板的建议

Adobe Audition 2022 提供了多种多轨会话模板，用于不同类型的音频制作项目。选择合适的模板可以为使用者的工作提供一个有用的起点，并预配置一些通用的音轨布局和效果设置。

音乐制作模板：适用于音乐制作项目，如录制乐曲或歌曲，通常包含多个音乐轨道、混音总线和效果设置。

声音设计模板：用于声音效果和音频设计的项目，通常包括声音效果轨道、合成器和各种处理效果。

对话编辑模板：适用于编辑和处理对话的项目，如广播节目、播客或电影制作，通常包括对话轨道、音乐床和声音效果。

6.2 设置和管理多条轨道

在 Adobe Audition 2022 中设置和管理多轨道是进行复杂音频项目处理的基础。

创建新轨道：在多轨会话视图中，分别单击“轨道”“添加新轨道”选项，选择需要的轨道类型（如标准、立体声或总线）。

第一步：导入音频文件。首先通过菜单栏“文件（F）”选项导入音频文件，然后将其拖到相应轨道上，如图 6－6 所示。

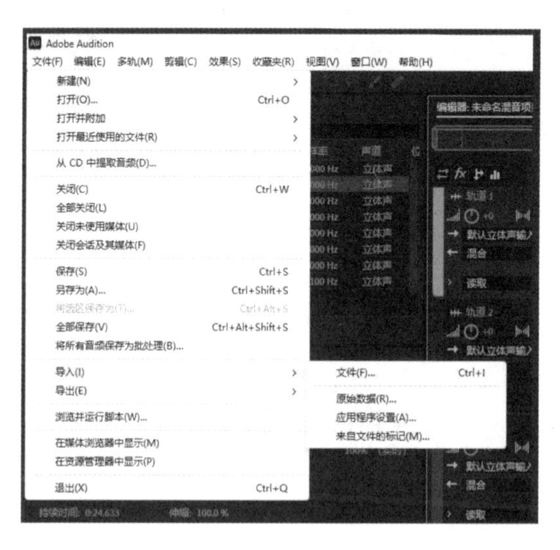

图 6－6 导入音频文件

第二步：调整轨道参数。使用混音器面板来调整每个轨道的音量、平衡和效果。

第三步：轨道标记与管理。给每条轨道命名，以便更好地管理和识别。此外，也可以使用颜色编码来组织轨道，如图6-7所示。

图6-7　为轨道命名

6.3　混音为新文件

多轨会话的概述与设置

混音是将多个轨道合成为单一音频的过程。

第一步：调整轨道设置。确保每条轨道的音量、平衡和效果都已正确设置。

第二步：选择输出格式。在菜单栏中分别单击“文件（F）”“导出（E）”“多轨混音”选项，并选择合适的格式（如WAV或MP3），如图6-8所示。

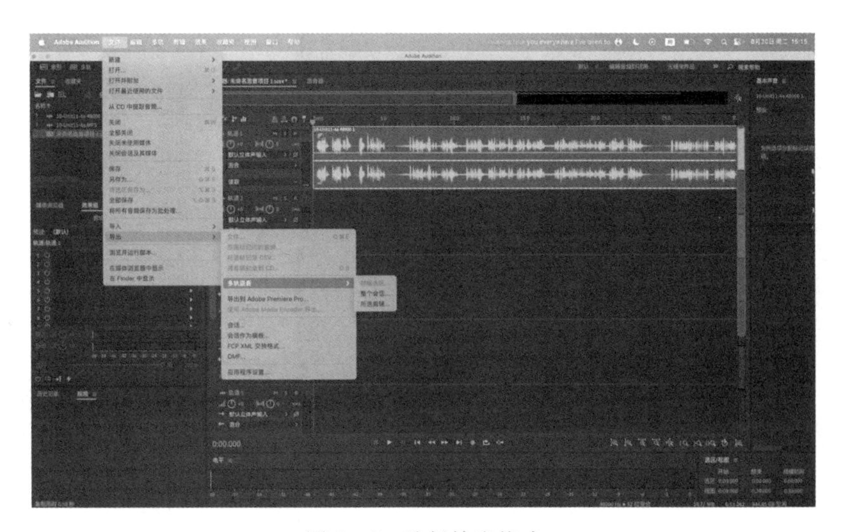

图6-8　选择输出格式

第三步：导出混音。配置导出设置，包括比特率和采样率，单击“保存”选项以创建混音文件。

6.4 多轨音频节拍器的使用

节拍器是在多轨会话中保持节奏一致性的重要工具。

第一步：启用节拍器。在多轨会话视图中，分别单击“视图”“节拍器”选项，如图 6-9 所示。

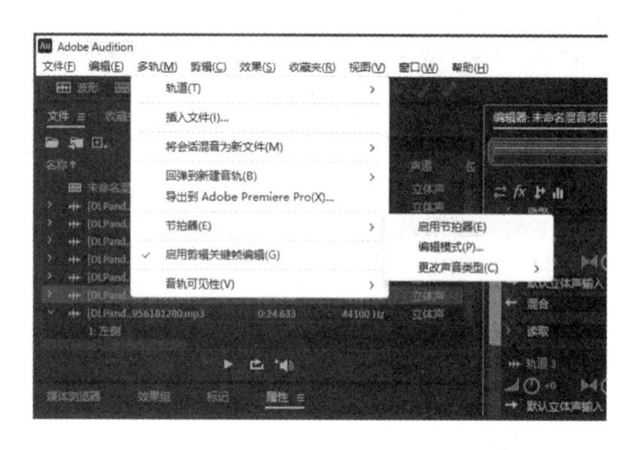

图 6-9 “节拍器”选项

第二步：配置节拍器设置。设置节拍速率（BPM）和节奏模式，以适应音频项目。

第三步：录制与节拍同步。使用节拍器作为指南进行录制，确保所有轨道与既定节奏保持一致，如图 6-10 所示。

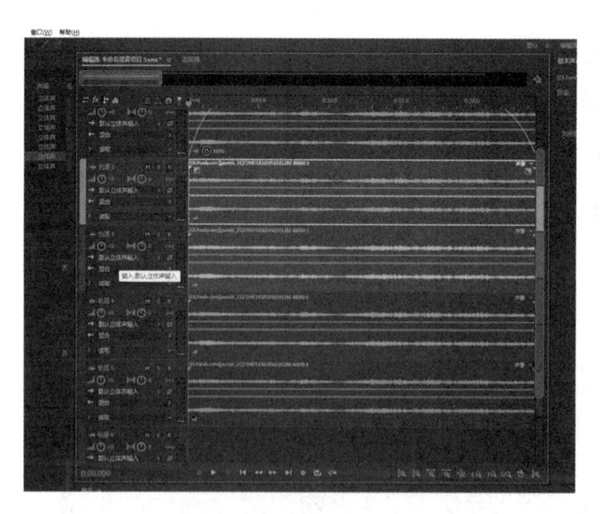

图 6-10 录制与节拍同步

混音为新文件与节拍器的使用

6.5　保存导出工程文件

保存和导出工程文件是确保项目不丢失的关键步骤。

第一步：保存工程。定期保存工程文件以防止数据丢失。分别单击“文件”“保存”选项或使用快捷键“Ctrl+S”（Windows）、“Cmd+S”（Mac），如图 6-11 所示。

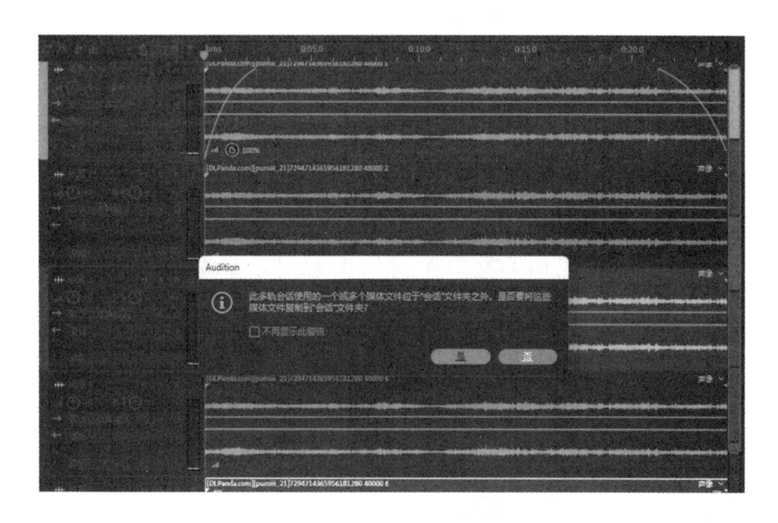

图 6-11　保存工程文件

第二步：导出工程文件。为了与他人共享或在其他设备上工作，分别单击“文件”“导出”“工程”选项将工程保存为一个包含所有数据的文件，如图 6-12 所示。

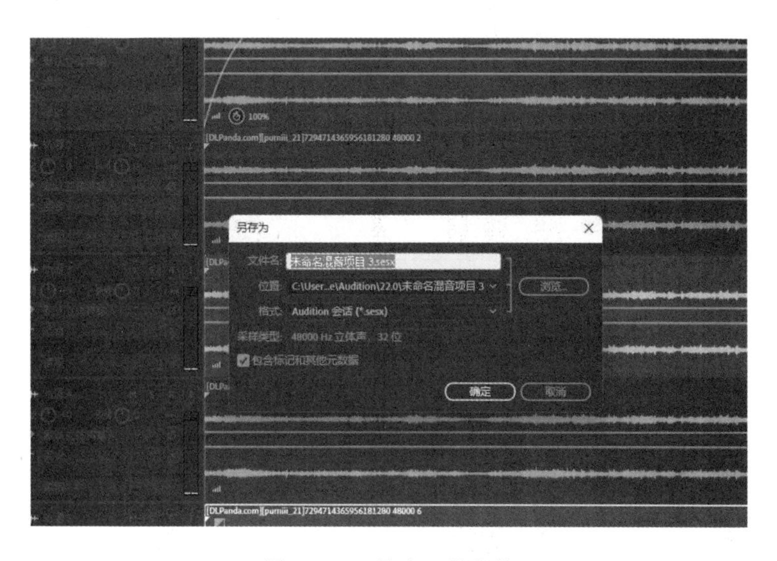

图 6-12　导出工程文件

实践演示之编曲 1 部分

实践演示之编曲 2 部分

6.6 本章小结

本章介绍了数字音频设计中的多轨会话合成与制作。在创建多轨会话的过程中，需要设置和管理多条轨道，包括调整每个音轨的音量、平衡和效果器参数，以确保各声音源之间的协调与平衡。混音为新文件是将多个音轨混合成一个新的音频文件，以便后续的编辑和处理。多轨音频节拍器的使用则可以帮助调整和匹配不同音轨之间的节奏和速度，使整体音乐更加统一和流畅。要保存导出工程文件，可以选择合适的音频格式和参数，并将多轨会话保存为可供后续编辑和分享的文件。

第 7 章　多轨会话的编辑与修饰

7.1　多轨音乐的编辑

在 Adobe Audition 2022 中，用户使用多轨音乐编辑可同时处理多个音轨。首先，用户需要导入音频文件并将它们放置在不同的轨道上，通过拖动音频片段调整它们的位置，以确保它们在时间轴上正确对齐。然后，用户可以使用剪切、复制和粘贴工具来重新排列音频片段。对于音乐制作，这种多轨编辑方式非常有效，可以轻松地对不同的乐器音和声音进行层叠和混合。

具体步骤如下。

第一步：导入音轨。启动 Adobe Audition 2022，选择“多轨”视图。分别单击“文件”“导入”选项将音频文件添加到项目中，如图 7 - 1 所示。

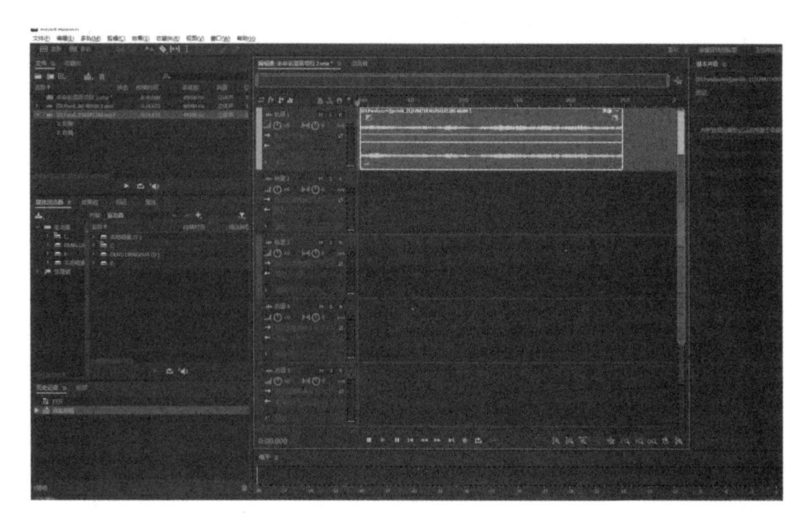

图 7 - 1　导入音轨

第二步：创建与排列音轨。先将音频文件拖动到多轨会话窗口的不同轨道上，然后通过拖动音频片段在时间轴上进行排列，如图 7 - 2 所示。

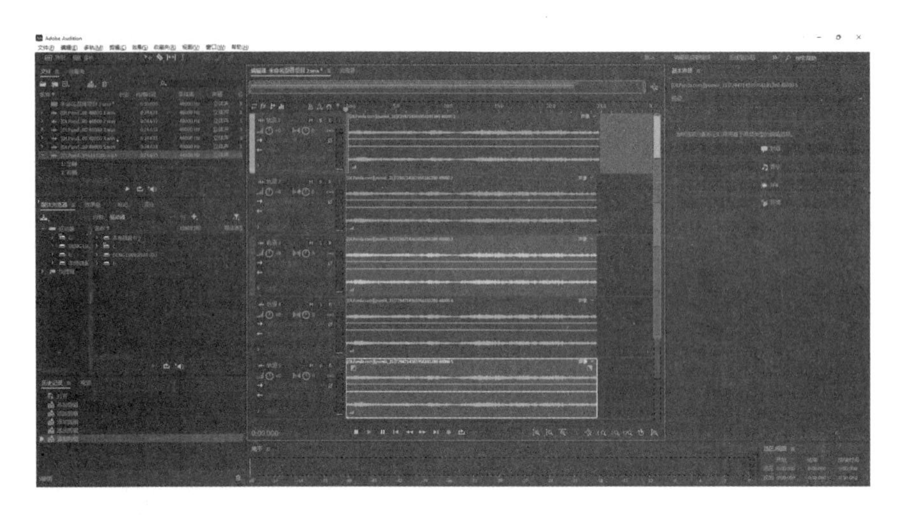

图 7－2　创建与排列音轨

第三步：调整音量和平衡。使用轨道上的音量滑块和平衡控制来调整每个音轨的音量和立体声平衡，如图 7－3 所示。

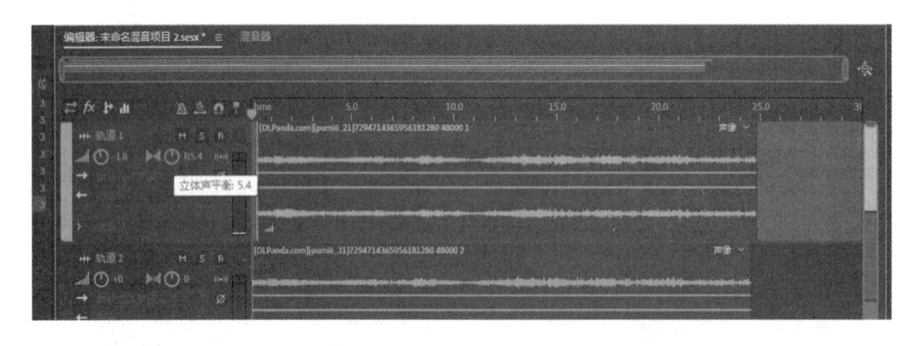

图 7－3　调整音量和平衡

第四步：剪辑与重排。使用剪切、复制和粘贴工具来编辑和重新排列音频片段，如图 7－4 所示。

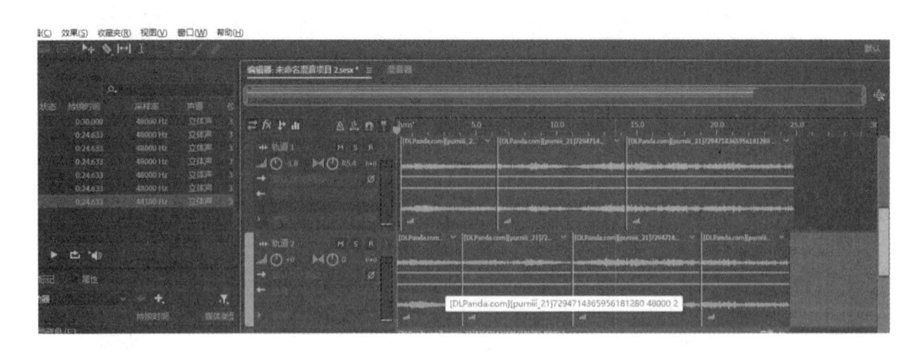

图 7－4　剪辑与重排音轨

7.2　素材与选区的删除

多轨会话的编辑

删除音频素材和选区是编辑过程中的基本步骤。在 Adobe Audition 2022 中，用户可以选择不需要的部分，使用“删除”键直接移除它们。需要注意的是，用户应确保在删除任何部分之前仔细听取音频内容并确认，以避免误删重要内容。

具体步骤如下。

第一步：选择音频片段。在多轨编辑视图中，单击并拖动以选择不需要的音频区域，如图 7－5 所示。

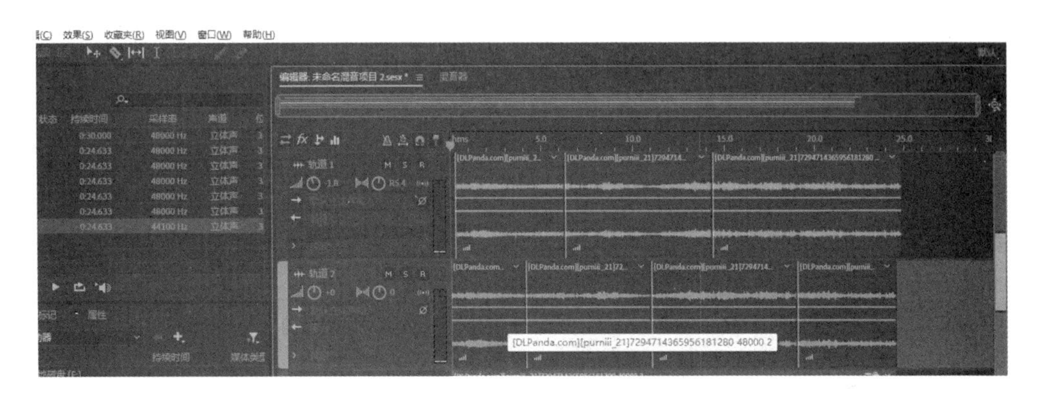

图 7－5　选择音频片段

第二步：删除选区。按“Delete”键，或者右键单击选区并选择“删除”选项来移除选中的音频。

第三步：清理时间线。删除音频后，可以调整周围的音频片段，以填补空白区域，如图 7－6 所示。

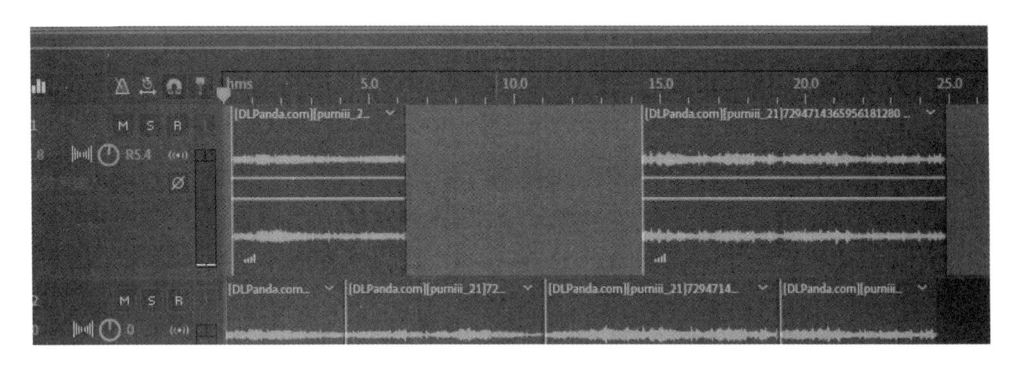

图 7－6　填补空白区域

7.3 多轨素材的编组

编组功能允许用户将多个音轨链接在一起，作为一个整体进行编辑。这在处理一组相互关联的音轨时非常有用，如一个乐队的不同乐器音。通过编组，用户可以确保这些音轨在编辑时保持同步，简化了调整过程。

具体步骤如下。

第一步：选择音轨。按住“Ctrl”键（Windows）或“Command”键（Mac），单击需要编组的音轨。

第二步：创建编组。右键单击所选音轨，选择“编组”选项。

第三步：编辑编组。编组后，对任一音轨的编辑将影响整个组，如图 7－7 所示。

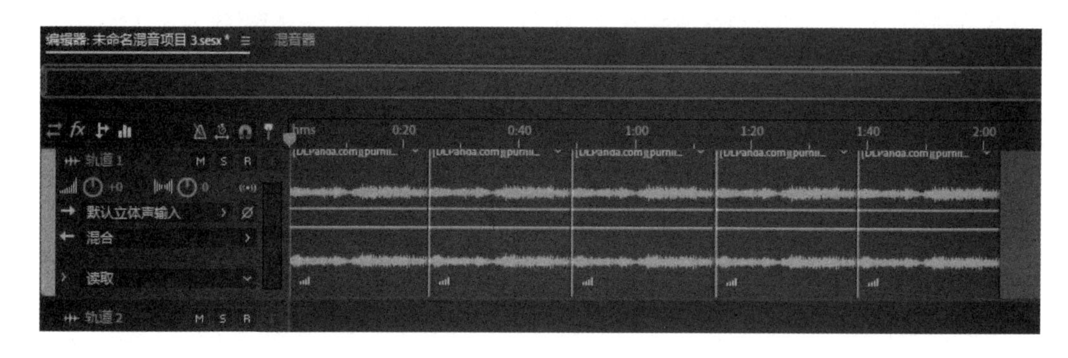

图 7－7　音轨编组

7.4 时间伸缩

时间伸缩这一功能允许用户改变音频的时长而不影响其音高。这在将音轨适配到特定时长时特别有用。用户可以通过“时间和音高”工具轻松实现这一点，只需选择音频片段，然后调整时长即可。

具体步骤如下。

第一步：选择音频。在多轨会话中选择要伸缩的音轨。

第二步：打开时间伸缩。在菜单栏分别单击“效果”“时间和音高”“伸缩”选项，如图 7－8 所示。

第三步：调整时间伸缩参数。在弹出的窗口中调整时长，预览效果，然后应用，如图 7－9 所示。

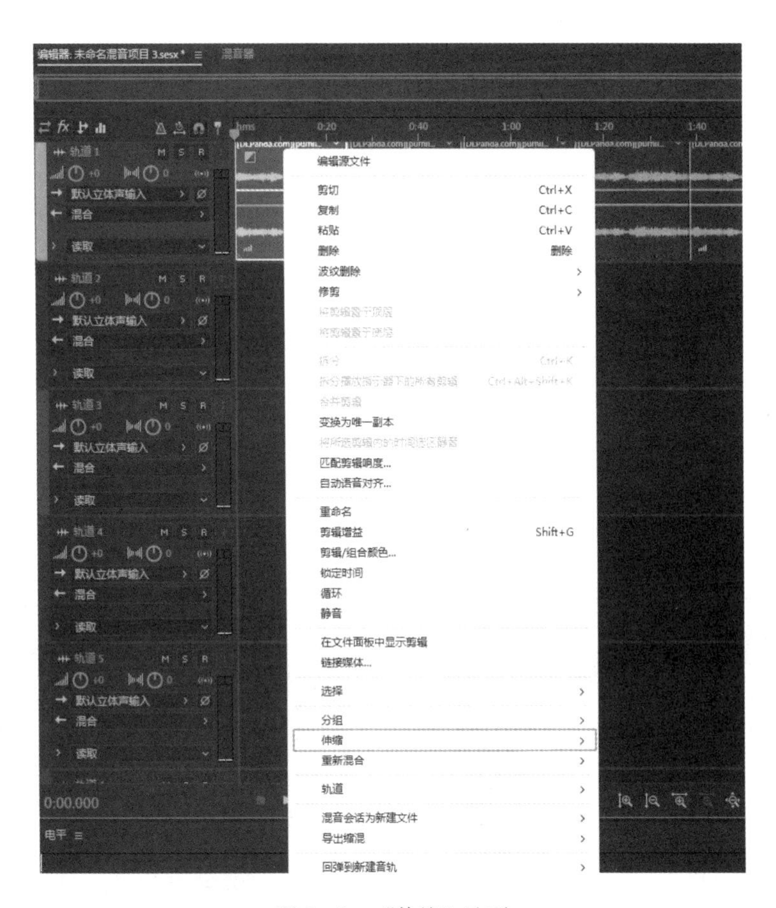

图 7-8　“伸缩”选项

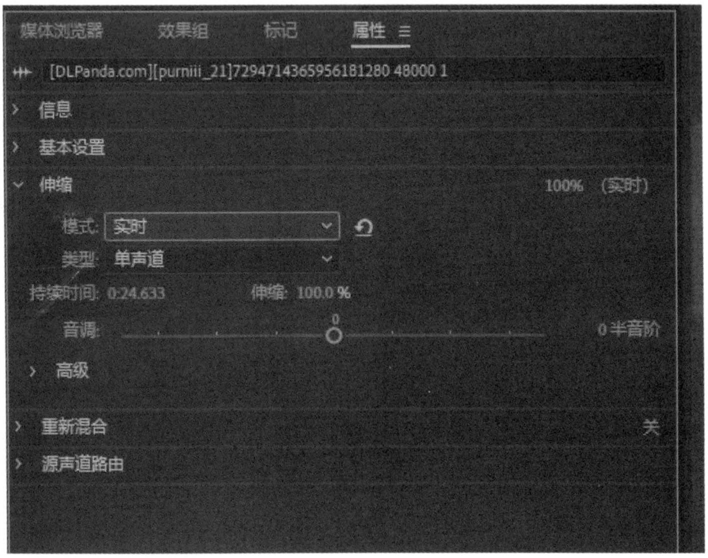

媒体浏览器　效果组　标记　属性 ≡
[DLPanda.com][purniii_21]7294714365956181280 48000 1
信息
基本设置
伸缩　100%（实时）
模式: 实时
类型: 单声道
持续时间: 0:24.633　伸缩: 100.0 %
音调: 0　0 半音阶
高级
重新混合　关
源声道路由

图 7-9　调整时间伸缩参数

7.5 音频的淡入与淡出

淡入和淡出效果对于平滑地开始或结束音轨至关重要。在 Adobe Audition 2022 中，用户可以通过选择音频的起始或结束部分并应用淡入或淡出效果来实现这一点。

具体步骤如下。

第一步：选择音轨。在多轨编辑视图中选择要应用淡入或淡出的音轨。

第二步：应用淡入/淡出。单击音轨左上角（淡入）或右上角（淡出）的小三角形，拖动以调整淡入/淡出的时长，如图 7 - 11 所示。

第三步：调整曲线。双击淡入/淡出区域，选择不同的曲线类型以改变淡入/淡出的效果，如图 7 - 12 所示。

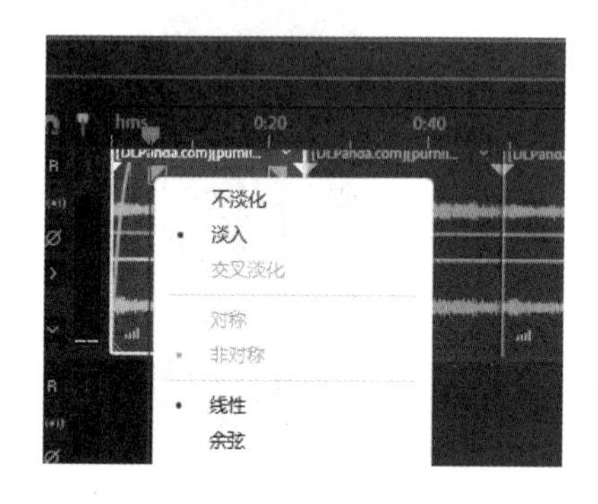

图 7 - 11　应用淡入/淡出

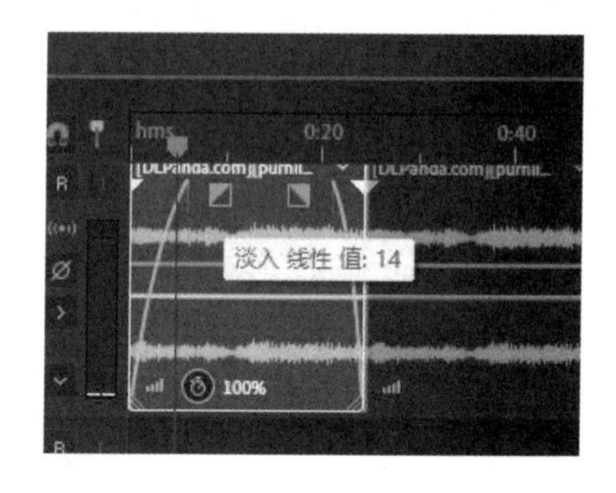

图 7 - 12　调整曲线

7.6 本章小结

多轨素材编组与效果处理

本章介绍了数字音频设计中多轨会话的编辑与修饰技巧。首先，多轨音乐的编辑涉及对多个音轨进行剪辑、调整和组合，以实现音频作品的完整性和连贯性。用户在编辑过程中，可以根据需要对素材与选区进行删除和调整，以精细地控制音频内容。多轨素材的编组是将相关的音轨组合在一起，以便集中管理和操作，提高工作效率。时间伸缩技术允许对音频的时间尺度进行调整，包括延长或缩短音频长度，以满足节奏和时长的要求。音频的淡入与淡出是调整音频起始和结束部分的音量渐变，使过渡更加平滑自然。通过这些编辑与修饰技巧，用户可以有效地处理和优化多轨会话，实现音频作品的精细化和高质量制作。

第 8 章　效果器的运用

8.1　效果组的基本操作

本章主要介绍运用效果组处理音频的操作方法，包括音频效果简单处理、效果组的基本操作及管理效果组面板等内容。

8.1.1　显示效果组

在菜单栏中分别单击“效果（S）”“显示效果组（W）”选项，如图 8－1 所示，可以看到“效果组”面板已经显示出来了。

图 8－1　“显示效果组”选项

8.1.2 运用效果组处理音频

第一步：在“效果组”面板中，先单击“预设”右侧的下拉按钮，然后在弹出的列表框中，选择所需的效果选项，如图 8－2 所示。

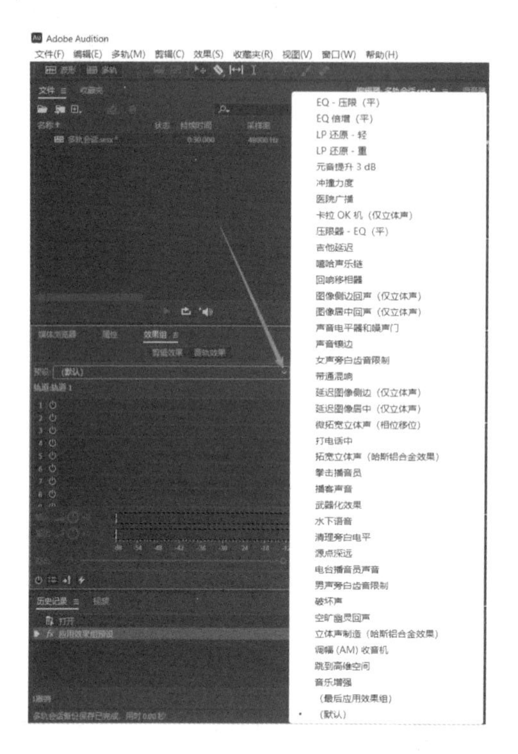

图 8－2 效果选项

第二步：在“效果组”面板中，可以看到在左下角的开关显示绿色，表示选择的效果已打开，如图 8－3 所示。

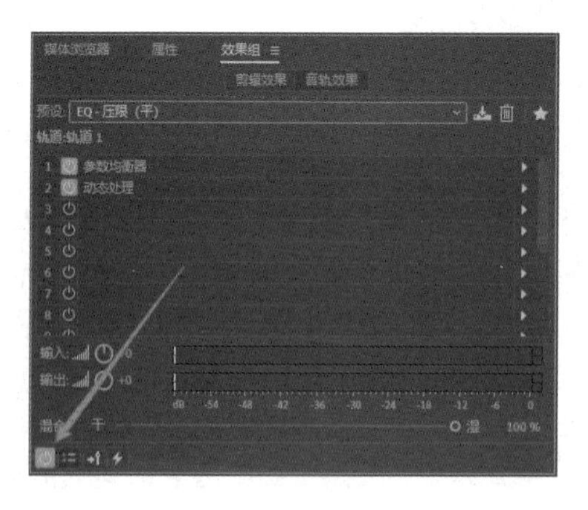

图 8－3 效果开关

8.1.3　编辑效果组内的声轨效果

右键单击“效果组”面板中的“参数均衡器”选项，在弹出的快捷菜单中选择“移除所选效果”选项，如图 8-4 所示，更改声道效果，这样即可完成编辑效果组内的声轨效果的操作，如图 8-5 所示。

图 8-4　“移除所选效果”选项

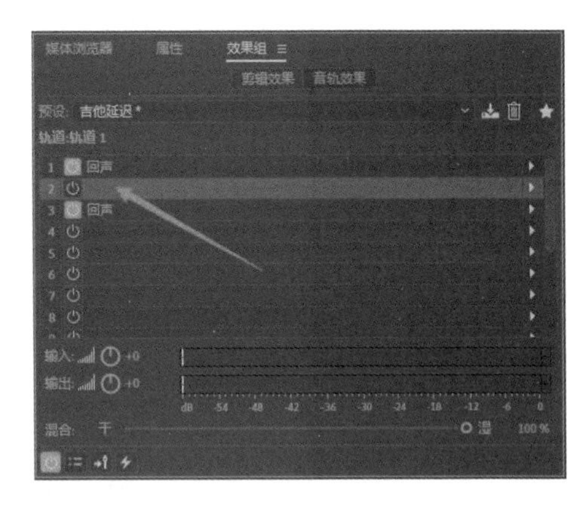

图 8-5　更改声道

8.2　效果组面板

8.2.1　启用与关闭效果器

第一步：在“效果组”面板中，单击相应效果器前面的“切换开关状态”选项，此时该选项呈灰色，表示已关闭相应效果器，如图 8-6 所示。

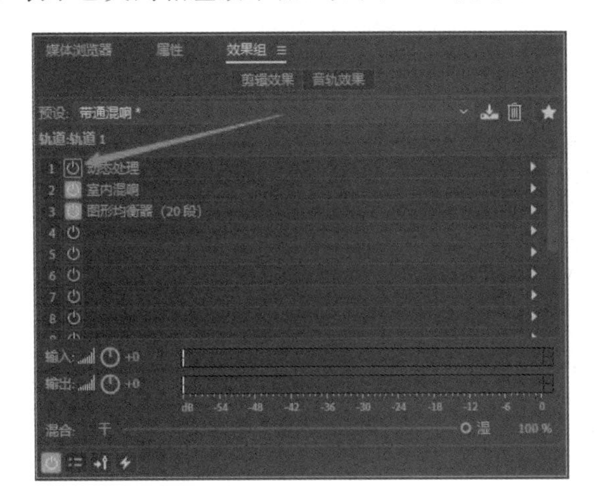

图 8-6　关闭选项

第二步：在灰色的“切换开关状态”选项上，左键单击，即可开启相应的效果器，此时该按钮呈绿色，如图 8－7 所示。

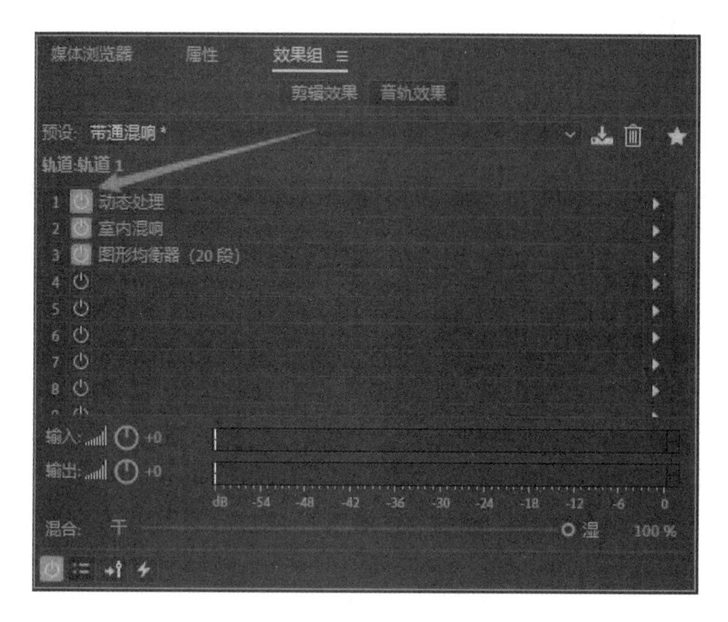

图 8－7　开启选项

8.2.2　收藏当前效果组

第一步：在“效果组”面板中，单击面板右侧的“将当前效果组保存为一项收藏”选项，如图 8－8 所示。

第二步：在弹出的“保存收藏”对话框中输入准备收藏的名称，如“音频导入特效”，单击“确定”选项，如图 8－9 所示。

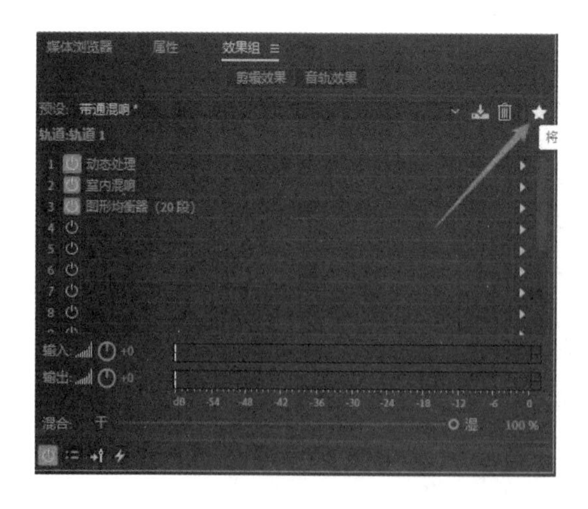

图 8－8　“效果组”界面

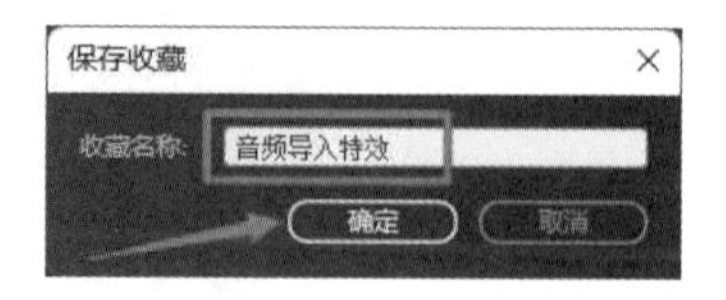

图 8－9　“保存收藏”对话框

8.2.3　查看收藏的效果组

在“收藏夹”菜单下，可以查看收藏的效果组，如图 8－10 所示。

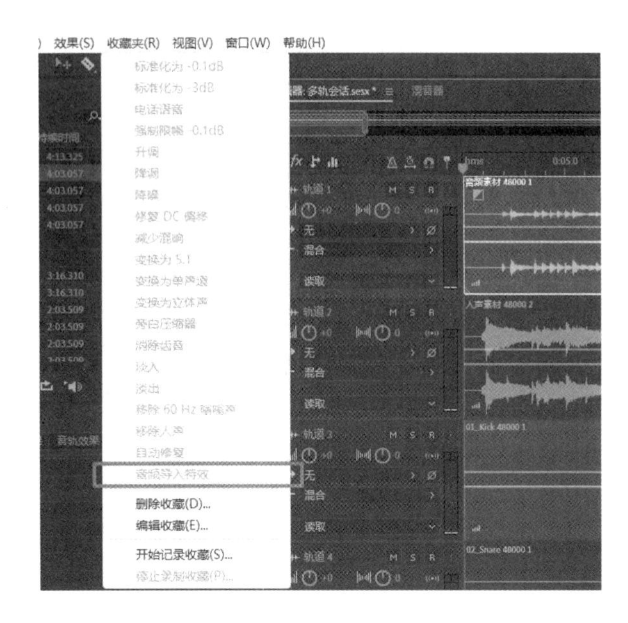

图 8－10　查看收藏效果组

8.2.4　保存效果组为预设

第一步：在“效果组”面板中，单击面板右侧的“存储效果夹为一个预设”选项，如图 8－11 所示。

第二步：在弹出的“保存效果预设”对话框中输入预设的名称，如“旁白效果”，单击“确定”选项，如图 8－12 所示。

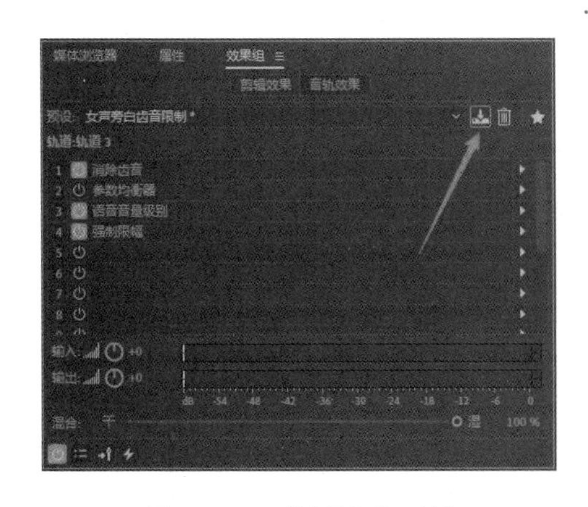

图 8－11　“效果组”面板

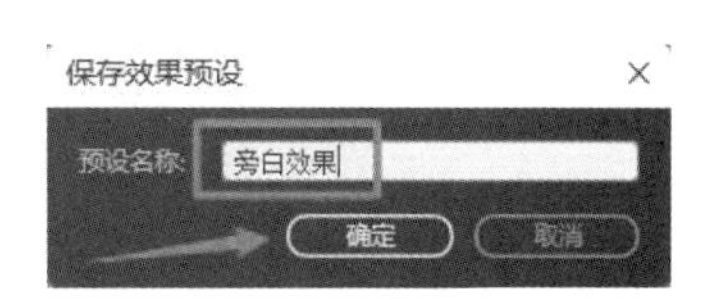

图 8－12　“保存效果预设”对话框

第三步：在“效果组”面板上方的“预设”列表框左侧，可见刚保存的预设名称，如图 8－13 所示。

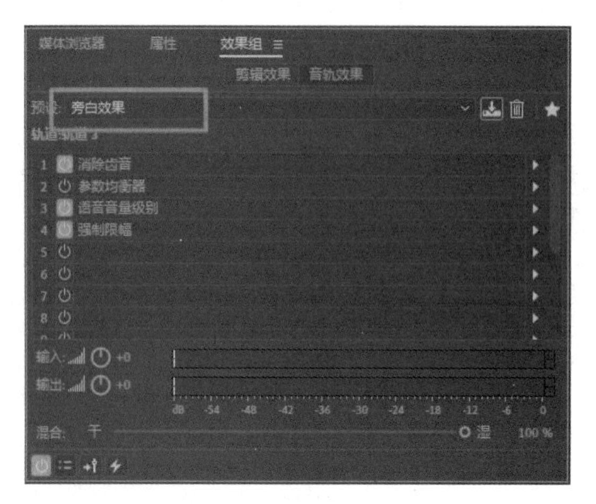

图 8－13　预设名称显示

第四步：单击“预设”列表框的下拉按钮，在弹出的列表框中，用户可以查看刚保存的预设效果组，之后直接选中保存的预设效果组选项，即可应用其中的预设声音特效，如图 8－14 所示。

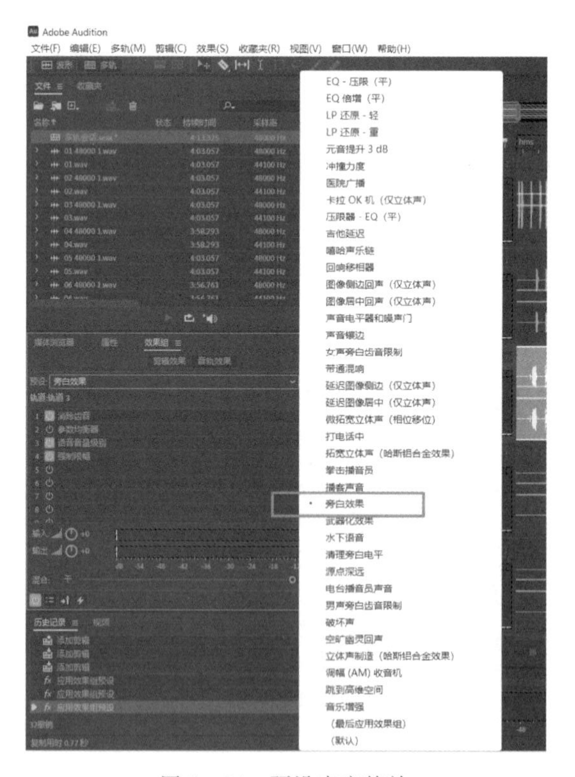

图 8－14　预设声音特效

8.2.5　删除当前效果组

第一步：在“效果组”面板中，单击面板右侧的“删除预设”选项，如图8－15所示。

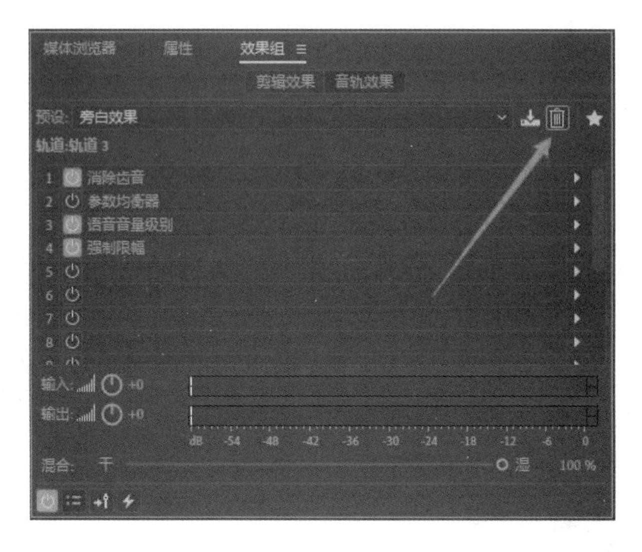

图8－15　“删除预设”选项

第二步：弹出的“Audition”对话框提示用户是否确定删除操作，单击“是”选项，如图8－16所示。这样即可删除预设效果组，此时“预设”列表框左侧将显示“自定义”，表示当前效果组已被删除，如图8－17所示。

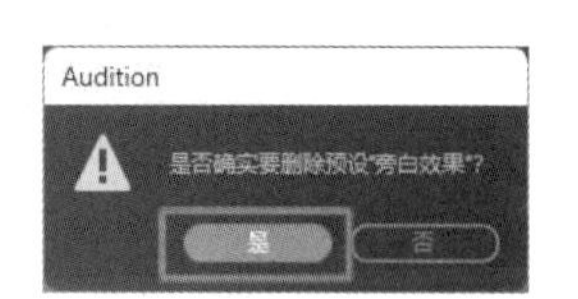

图8－16　“Audition”对话框

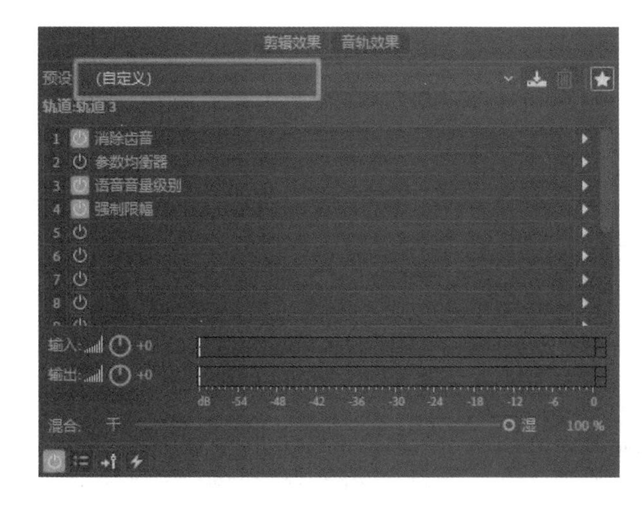

图8－17　删除效果组

效果组的基本操作与面板

8.3 振幅与压限效果器

8.3.1 增幅效果器

第一步：打开一段音频素材，在菜单栏中分别单击“效果（S）”“振幅与压限（A）”“增幅（A）”选项，如图 8－18 所示。

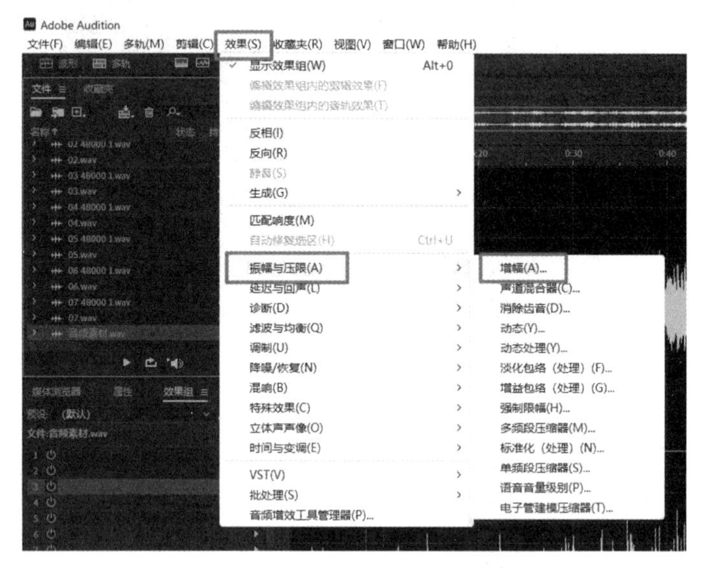

图 8－18 “增幅”选项

第二步：在弹出的“效果-增幅”对话框中单击“预设”列表框右侧的下拉按钮，在弹出的列表框中选择“＋10 dB 提升”选项，如图 8－19 所示。

第三步：在“增幅”选项组中将显示相应的预设参数，表示将音频的音量提升 10 dB，单击“应用”选项，如图 8－20 所示。

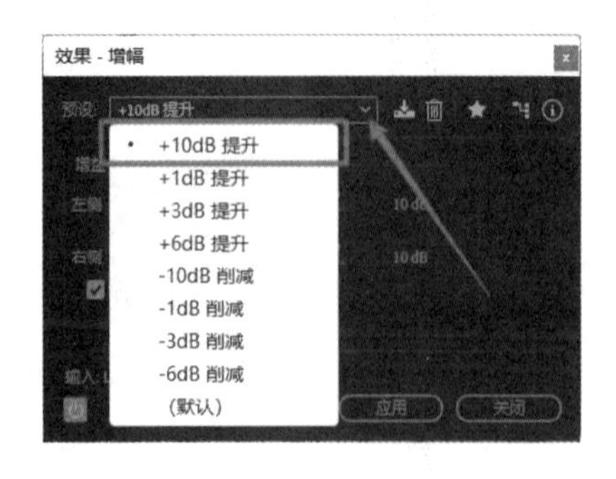

图 8－19 “＋10 dB 提升”选项

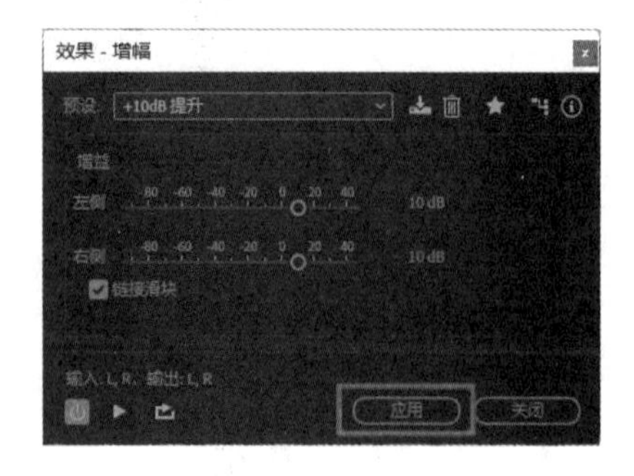

图 8－20 “效果-增幅”对话框

这样即可提升音频的音量效果，此时“编辑器”窗口中的音频音波已被放大，如图 8－21 所示。

图 8－21　放大音频音波

8.3.2　声道混合器

第一步：打开一段音频素材，在菜单栏中分别单击“效果（S）”“振幅与压限（A）”“声道混合器（C）”选项，如图 8－22 所示。

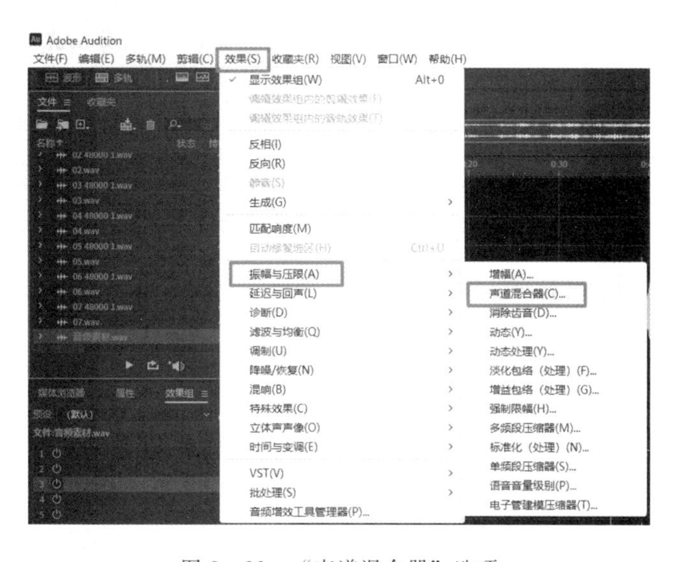

图 8－22　“声道混合器”选项

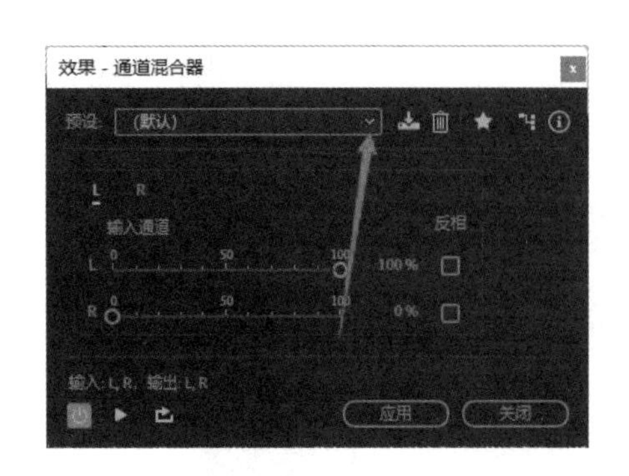

图 8－23　“预设”列表框下拉选项

第二步：在弹出的“效果-通道混合器”对话框中单击“预设”列表框右侧的下拉选项，如图 8－23 所示。

第三步：在弹出的列表框中选择“中置/侧边到立体声”选项，如图 8－24 所示。

第四步：单击“应用”选项后即可交换音频的左右声道，在“编辑器”窗口中可以查看音频的音波效果，如图 8－25 所示。

图 8－24　“中置/侧边到立体声”选项

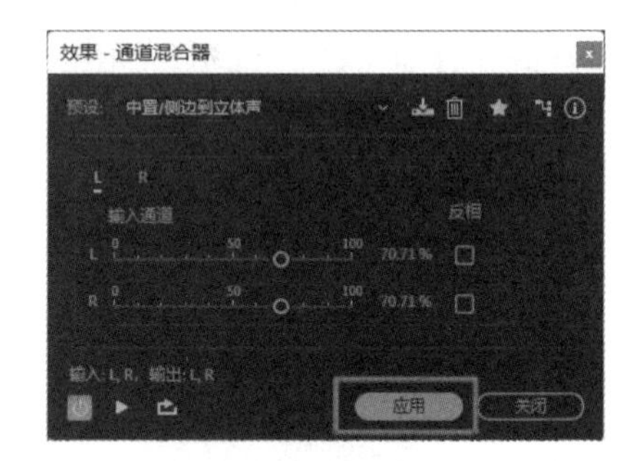

图 8－25　“效果-通道混合器”对话框

8.3.3　消除齿音效果器

第一步：打开一段噪音音频素材，在菜单栏中分别单击“效果（S）”“振幅与压限（A）”“消除齿音（D）”选项，如图 8－26 所示。

第二步：在弹出的“效果-消除齿音”对话框中单击“预设”列表框右侧的下拉按钮，在弹出的列表框中选择“高音 DeSher”选项，如图 8－27 所示。

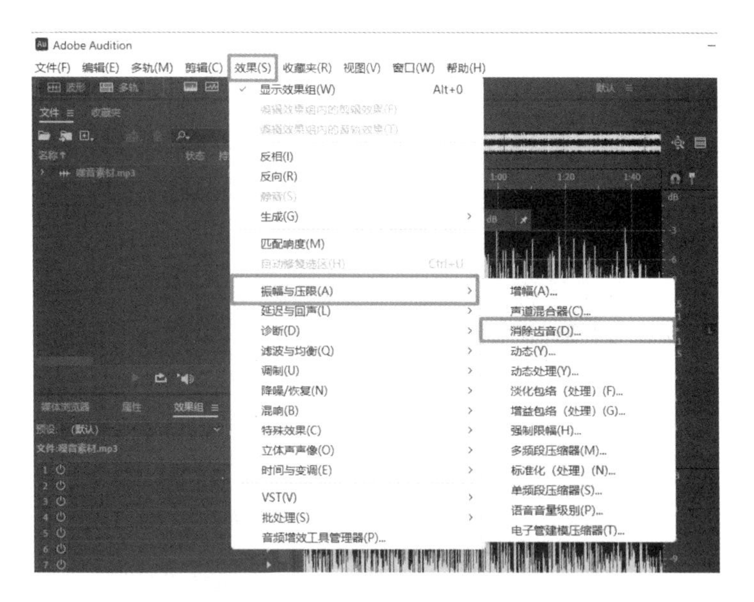

图 8－26　“消除齿音”选项

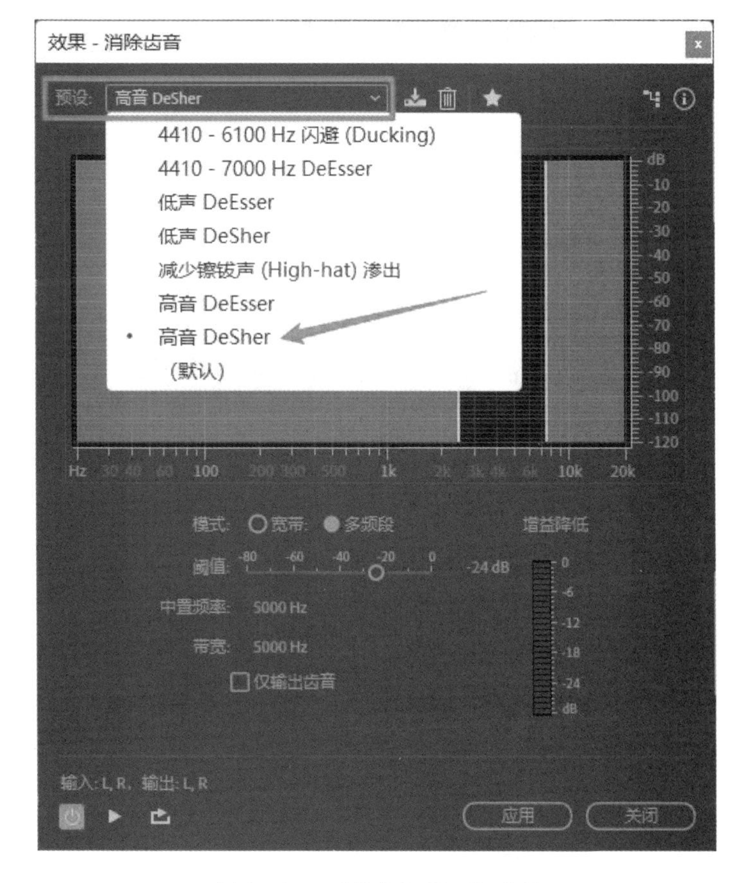

图 8－27　“高音 DeSher”选项

第三步：先向左拖动“阈值”选项右侧的滑块，直至参数显示为－40 dB，然后单击“应用”选项，如图 8－28 所示。

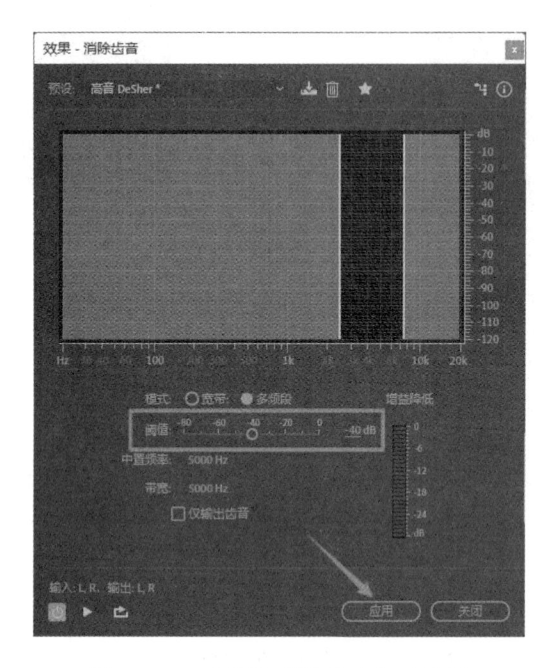

图 8－28　“效果-消除齿音”对话框

这样即可消除音频中的齿音，在“编辑器”窗口中可以看到音频的音波有所变化，如图 8－29 所示。

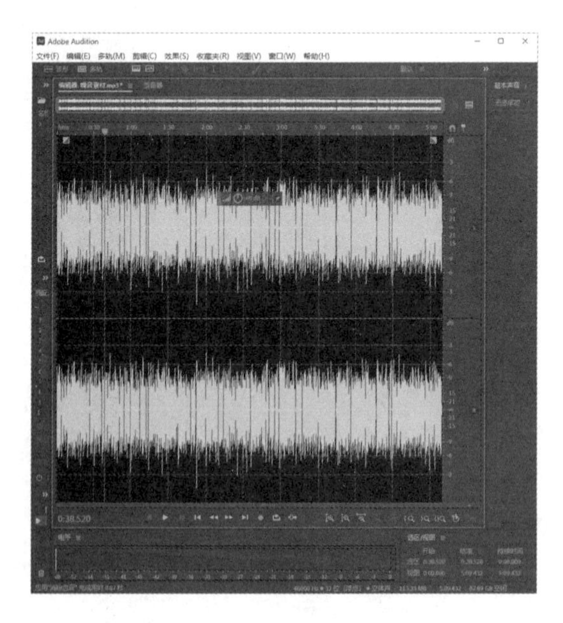

图 8－29　消除齿音后的音波

8.3.4　动态处理效果器

第一步：打开一段音频素材，在菜单栏中分别单击“效果（S）”“振幅与压限（A）”“动态处理（Y）”选项，如图 8－30 所示。

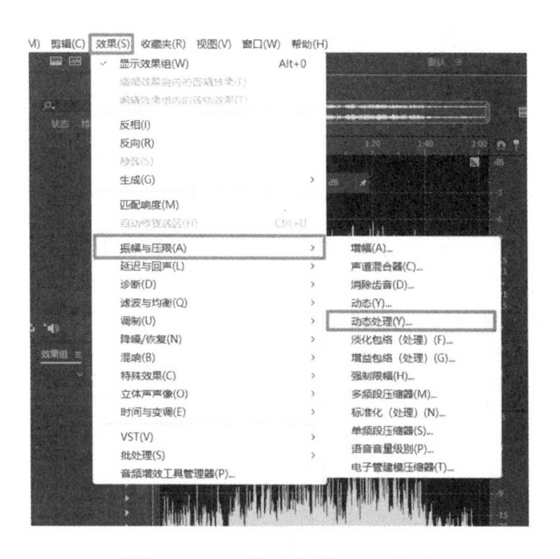

图 8－30　“动态处理”选项

第二步：弹出“效果-动态处理”对话框，如图 8－31 所示。

第三步：拖动“动态”窗口中的关键帧，调整其位置，单击“应用”选项，如图 8－32所示。

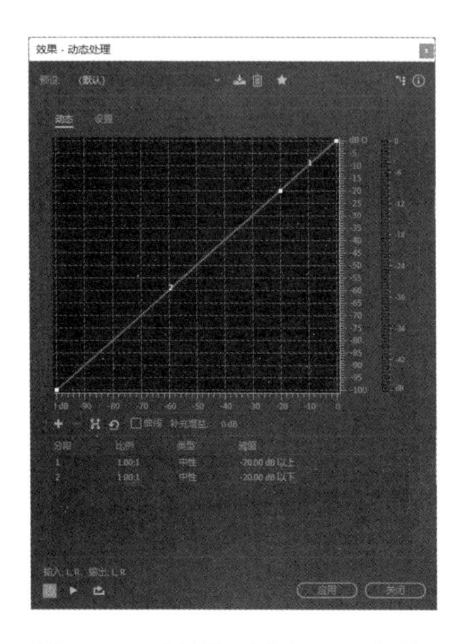

图 8－31　“效果-动态处理”对话框

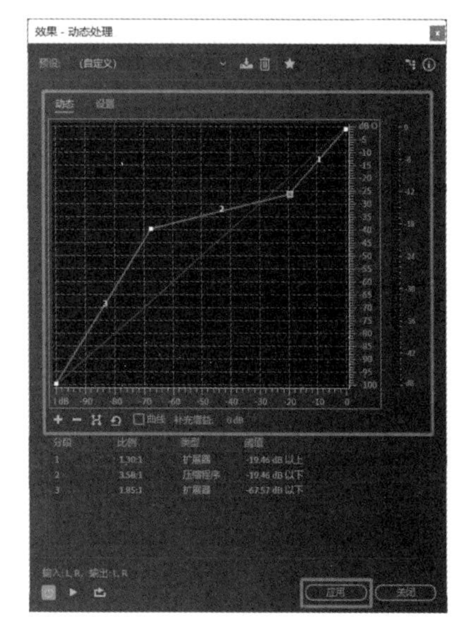

图 8－32　调整关键帧并应用

这样即可调整音频的音波属性，在“编辑器”窗口中可以查看音频的音波效果，如图 8－33 所示。

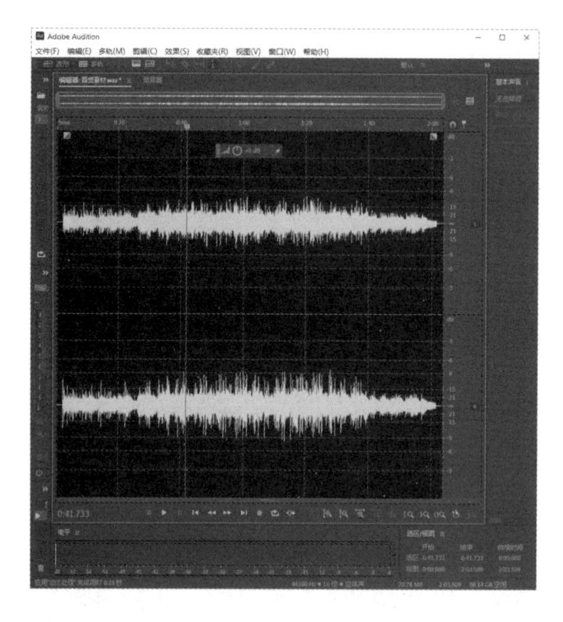

图 8－33　调整后的音波效果

8.3.5　强制限幅效果

第一步：打开一段音频素材，在菜单栏中分别单击“效果（S）”“振幅与压限（A）”“强制限幅（H）”选项，如图 8－34 所示。

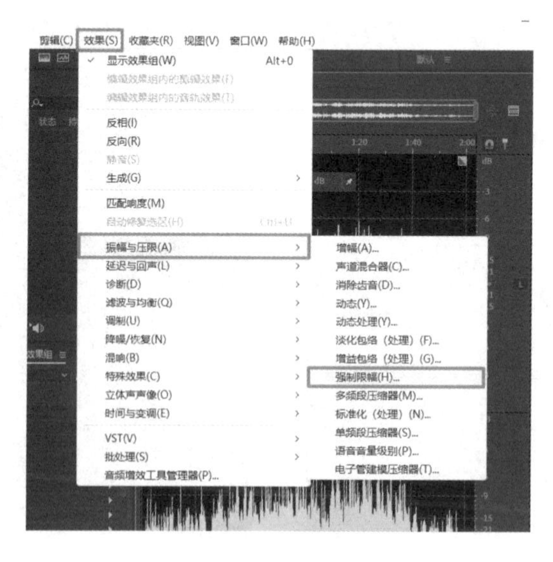

图 8－34　“强制限幅”选项

第二步：在弹出的“效果-强制限幅”对话框中，单击“预设”列表框右侧的下拉按钮，在弹出的列表框中选择“限幅-.1 dB”选项，如图 8－35 所示。

第三步：在对话框下方将显示“限幅-.1 dB”预设的相关参数，单击“应用”选项，如图 8－36 所示。这样即可使用强制限幅效果器处理音频素材，在“编辑器”窗口中可以查看处理后的音频音波效果。

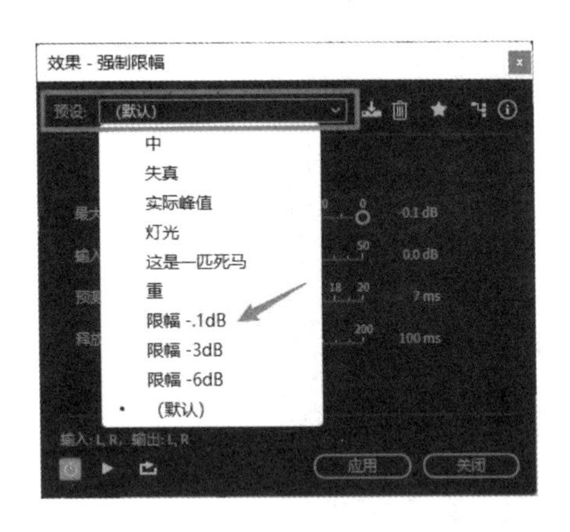

图 8－35　“限幅-.1 dB”选项

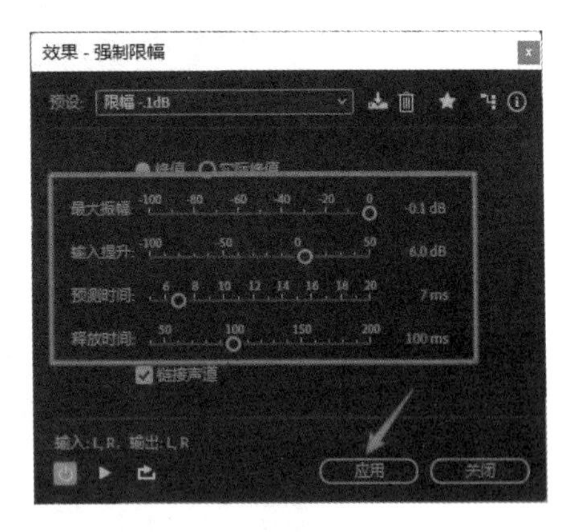

图 8－36　“限幅-.1 dB”相关参数

8.3.6　多频段压缩效果器

第一步：打开一段音频素材，在菜单栏中分别单击“效果（S）”“振幅与压限（A）”“多频段压缩器（M）”选项，如图 8－37 所示。

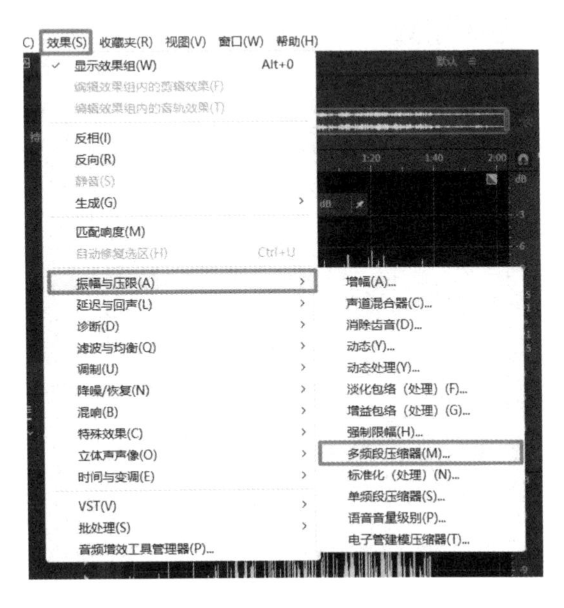

图 8－37　“多频段压缩器”选项

第二步：在弹出的“效果-多频段压缩器”对话框中拖动左边第 1 个滑块的位置，调整第 1 个声音频段的参数，如图 8－38 所示。

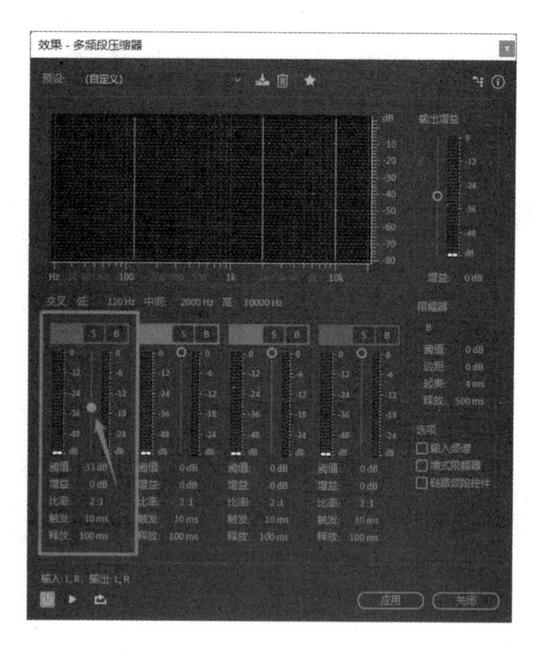

图 8－38　调整声音频段的参数

第三步：运用同样的方法，向下拖动其他 3 个滑块的位置，调整各声音频段的参数，然后单击“应用”选项，如图 8－39 所示。

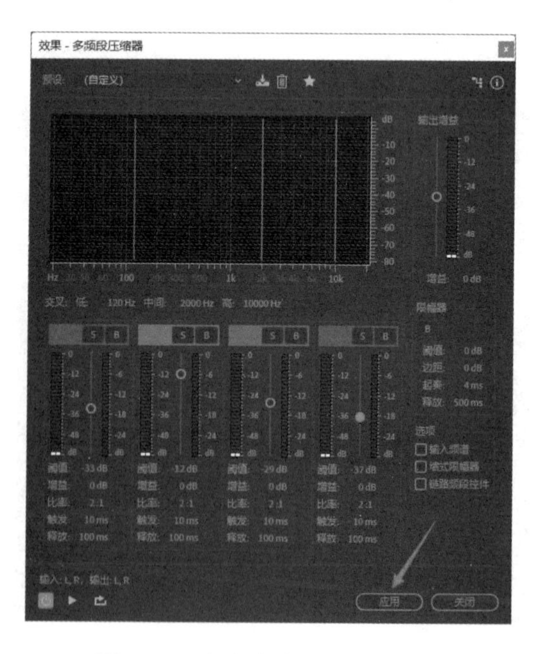

图 8－39　调整各声音频段的参数

这样即可对不同的声音频段进行压缩处理，在“编辑器”窗口中可以查看处理后的音频音波效果。

8.3.7　单频段压缩效果器

第一步：打开一段音频素材，在菜单栏中分别单击“效果（S）”“振幅与压限（A）”“单频段压缩器（S）”选项，如图 8－40 所示。

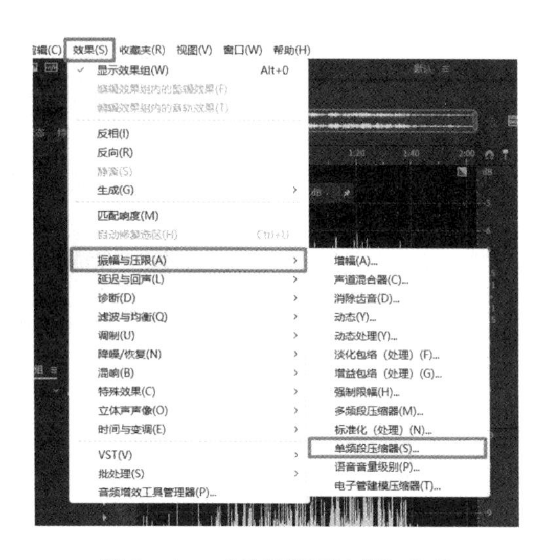

图 8－40　“单频段压缩器”选项

第二步：在弹出的“效果-单频段压缩器”对话框中，单击“预设”列表框右侧的下拉按钮，然后在弹出的列表框中选择“幸福的低音”选项，如图 8－41 所示。

第三步：在对话框下方将显示“幸福的低音”预设的相关参数，单击“应用”选项，如图 8－42 所示。

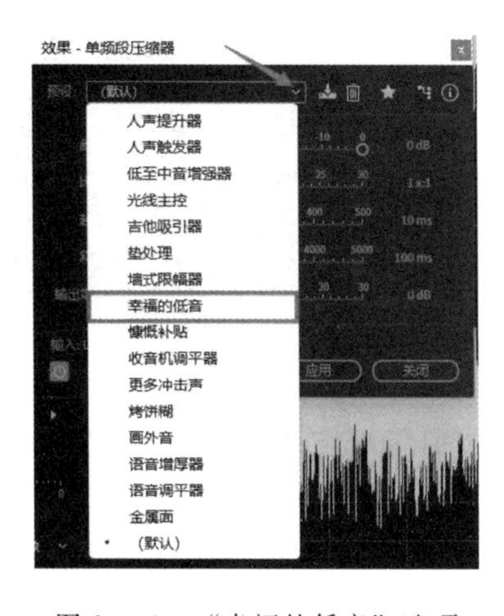

图 8－41　“幸福的低音”选项

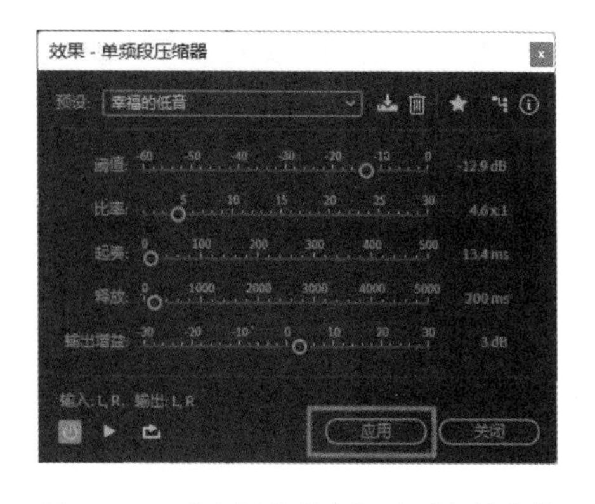

图 8－42　“幸福的低音”选项相关参数

这样即可单段压缩处理音频的波形，在“编辑器”窗口中可以查看处理后的音频音波效果。

8.3.8 标准化效果器

第一步：打开一段音频素材，在菜单栏中分别单击“效果（S）”“振幅与压限（A）”“标准化（处理）（N）”选项，如图 8－43 所示。

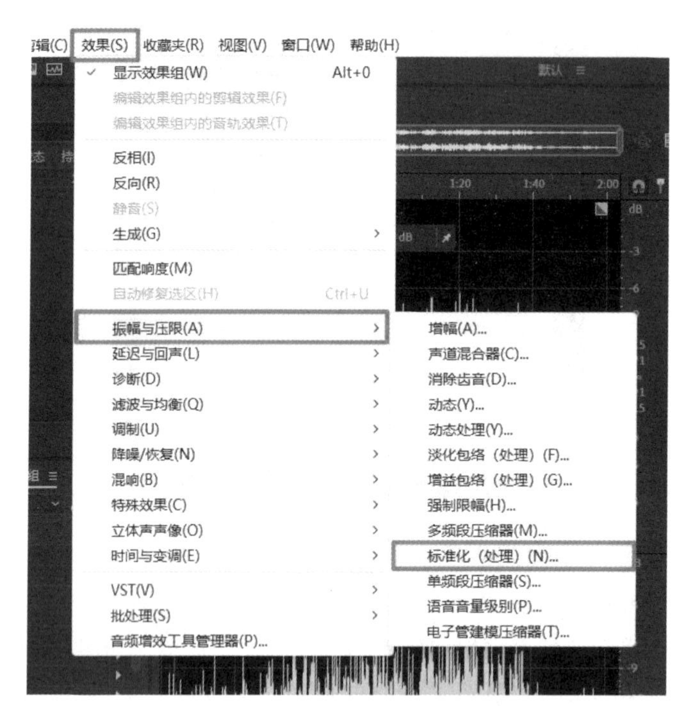

图 8－43 “标准化（处理）”选项

第二步：在弹出的“标准化”对话框分别选中“标准化为：100.0”选项和“平均标准化全部声道”选项，单击“应用”选项，如图 8－44 所示。

这样即可标准化处理音频的波形，在“编辑器”窗口中可以查看处理后的音频的音波效果。

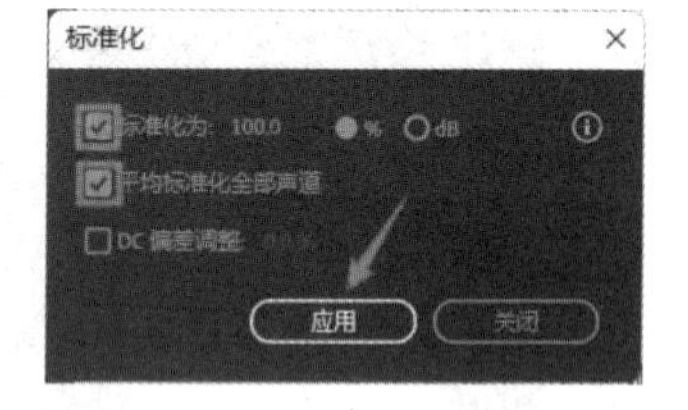

图 8－44 “标准化”对话框

8.3.9 语音音量级别效果器

第一步：打开一段音频素材，在菜单栏中分别单击“效果（S）”“振幅与压限（A）”“语音音量级别（P）”选项，如图 8－45 所示。

第二步：在弹出的“效果-语音音量级别”对话框中，单击“预设”列表框右侧的下拉按钮，在弹出的列表框中选择“强烈”选项，如图 8－46 所示。

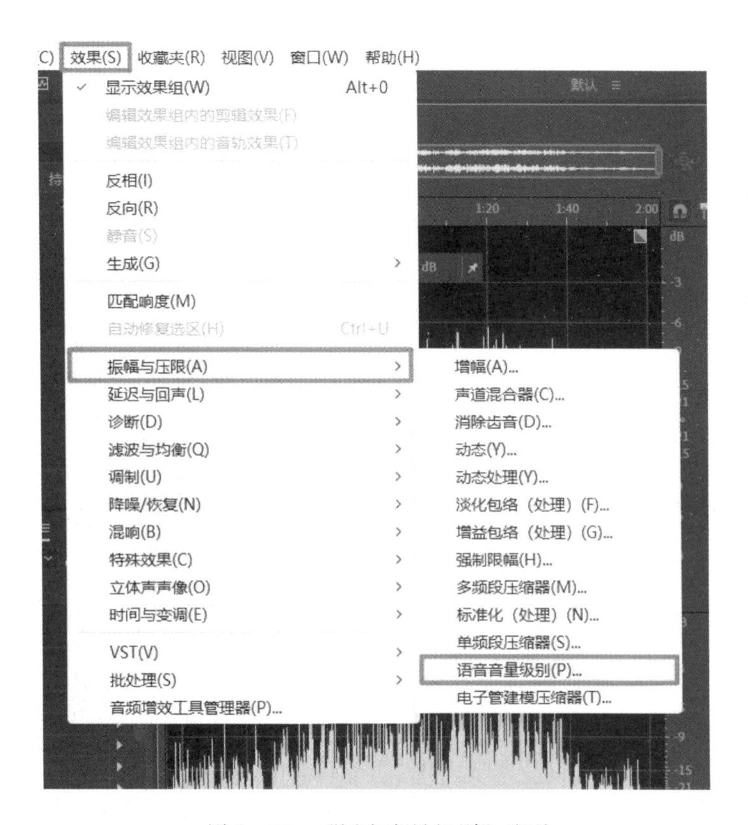

图 8－45　“语音音量级别”选项

第三步：在对话框下方将显示“强烈”预设的相关参数，单击“应用”选项，如图 8－47 所示。

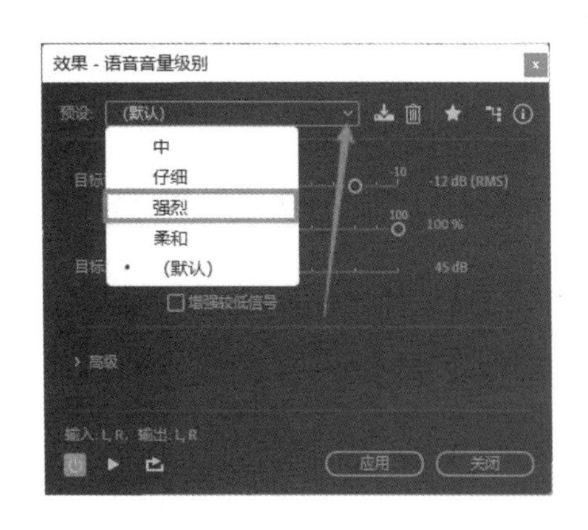

图 8－46　“强烈”选项

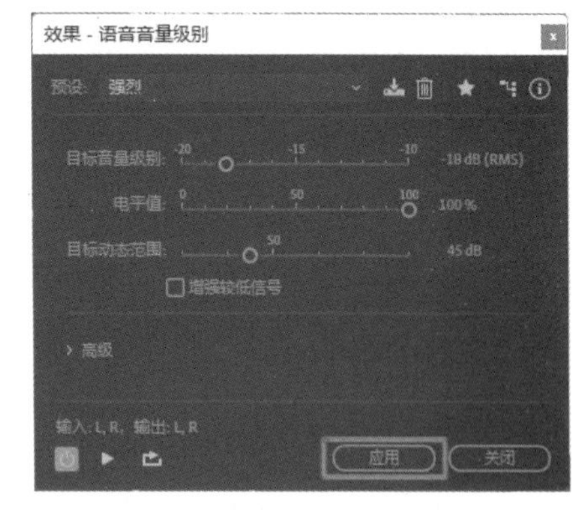

图 8－47　“强烈”选项的相关参数

这样即可运用语音音量级别效果器处理音频的波形，在“编辑器”窗口中可以查看处理后的音频音波效果，如图 8－48 所示。

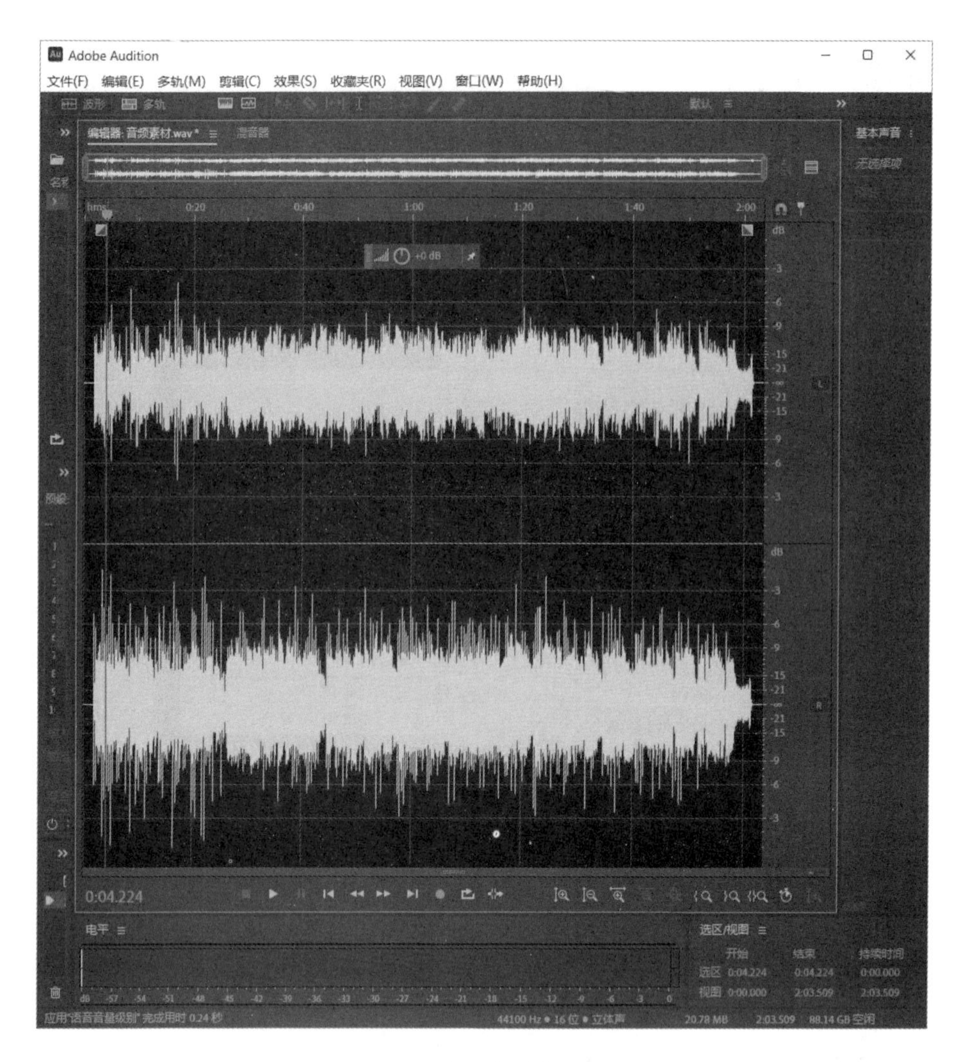

图 8-48　处理后的音频音波效果

8.4　调制效果器

8.4.1　和声效果器

第一步：打开一段音频素材，在菜单栏中分别单击“效果（S）”“调制（U）”“和声（C）”选项，如图 8-49 所示。

第二步：在弹出的“效果-和声”对话框中单击“预设”列表框右侧的下拉按钮，然后在弹出的列表框中选择“四重唱”选项，如图 8-50 所示。

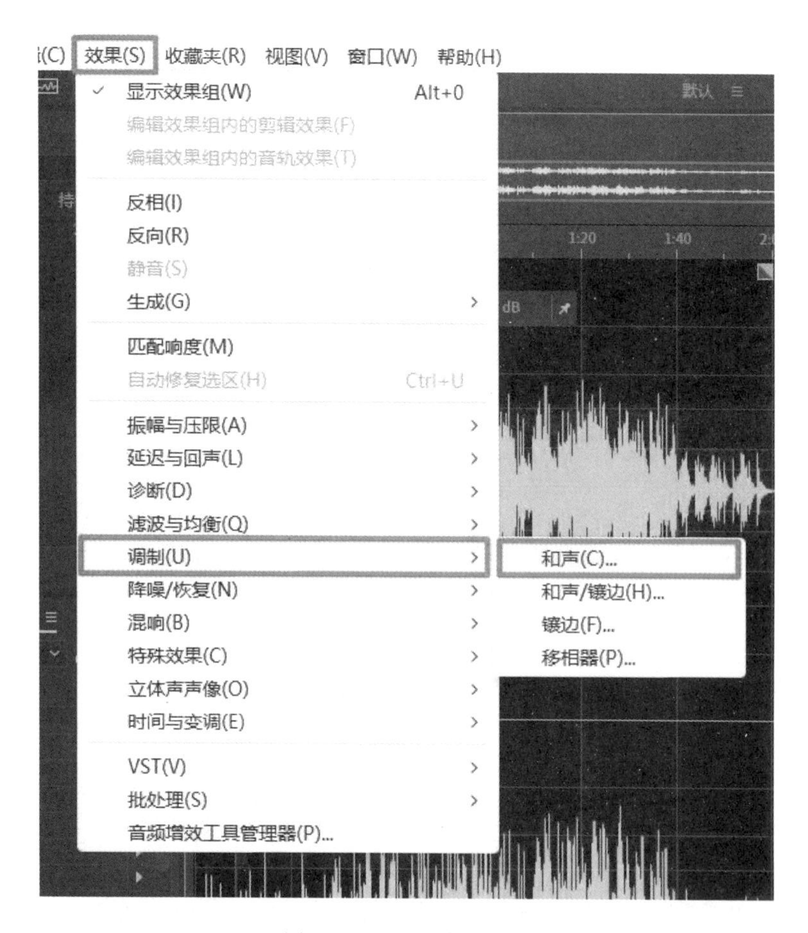

图 8－49　“和声”选项

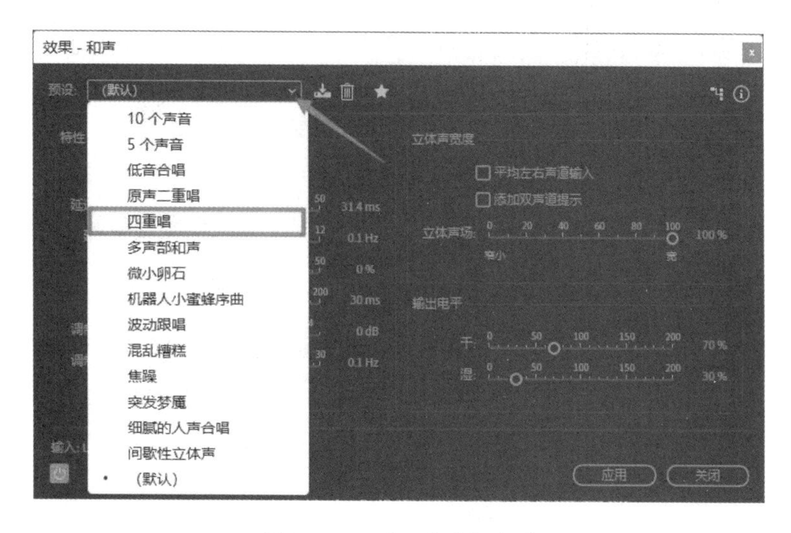

图 8－50　“四重唱”选项

第三步：在对话框下方将显示“四重唱”预设的相关参数，单击“应用”选项，如图 8－51 所示。

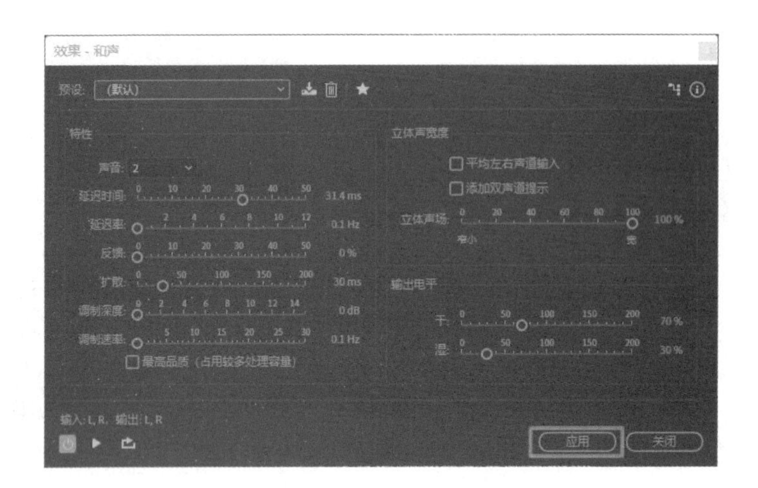

图 8－51　“四重唱”选项的相关参数

这样即可使用和声效果器处理音频，在“编辑器”窗口中可以查看处理后的音频音波效果，如图 8－52 所示。

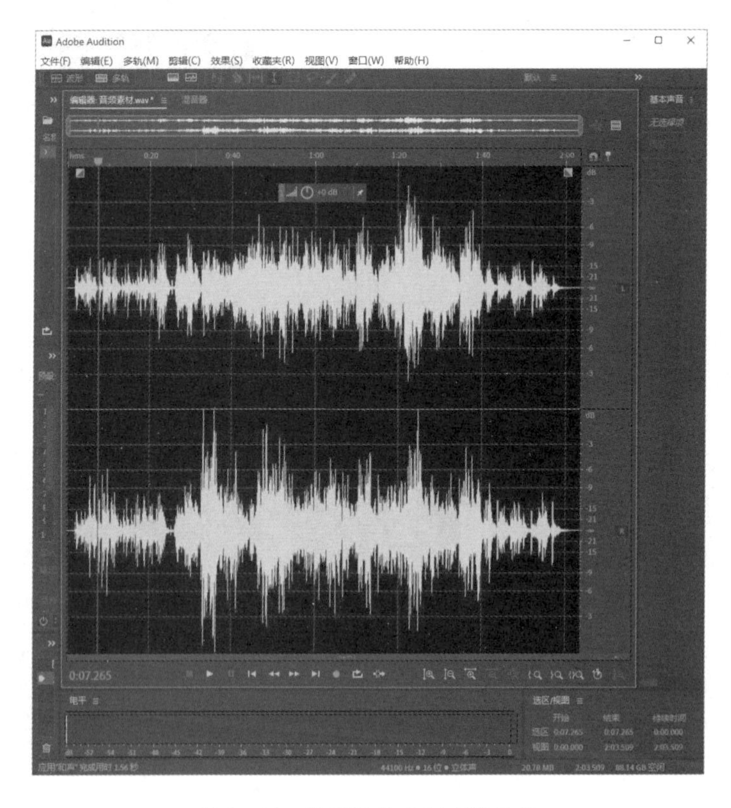

图 8－52　处理后的音频音波效果

8.4.2　和声/镶边效果器

第一步：打开一段音频素材，在菜单栏中分别单击“效果（S）”“调制（U）”“和声/镶边（H）”选项，如图 8－53 所示。

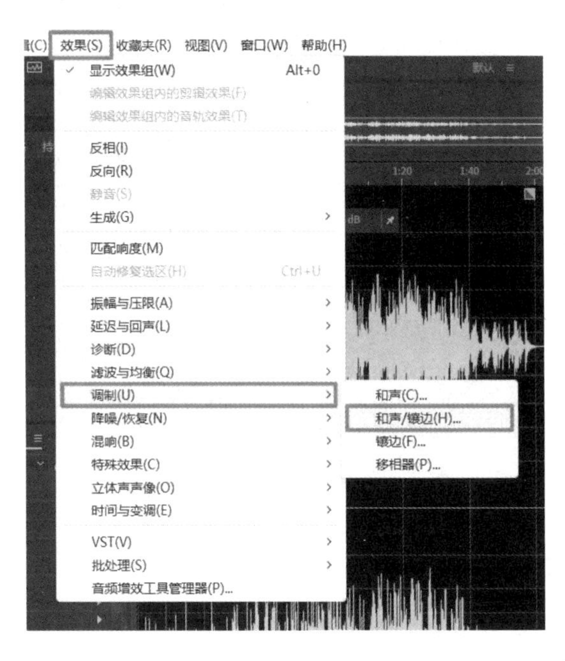

图 8－53　“和声/镶边”选项

第二步：在弹出的“效果-和声/镶边”对话框中单击“预设”列表框右侧的下拉按钮，在弹出的列表框中选择“平滑和声”选项，如图 8－54 所示。

第三步：在对话框下方将显示“平滑和声”预设的相关参数，单击“应用”选项，如图 8－55 所示。

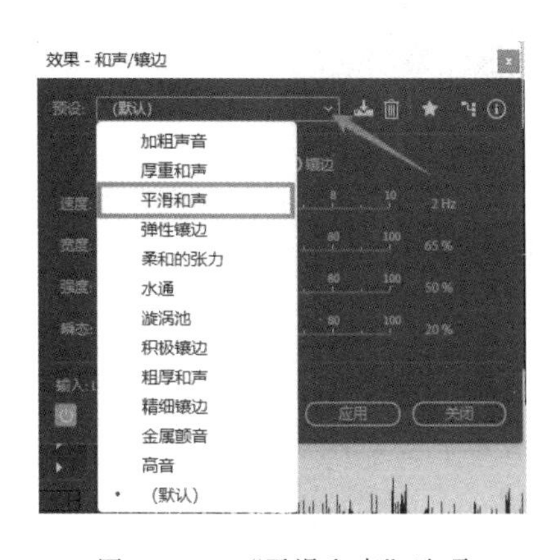

图 8－54　“平滑和声”选项

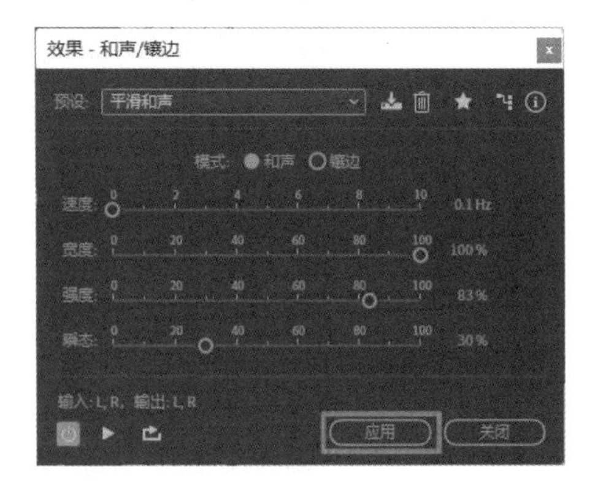

图 8－55　“平滑和声”选项相关参数

这样即可使用和声/镶边效果器处理音频，在“编辑器”窗口中可以查看处理后的音频音波效果，如图 8－56 所示。

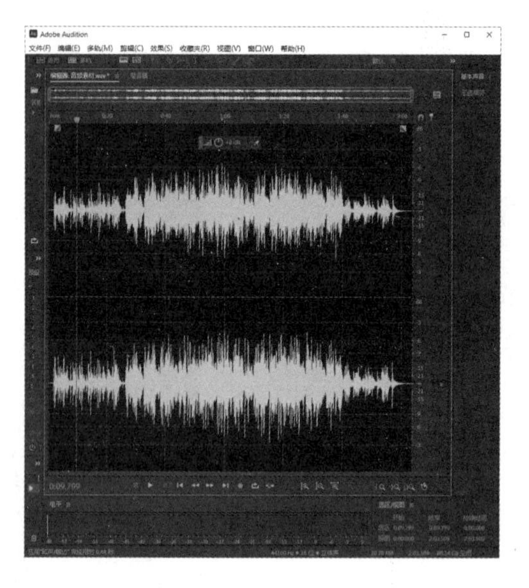

图 8－56　处理后的音频音波效果

8.4.3　镶边效果器

第一步：打开一段音频素材，在菜单栏中分别单击“效果（S）”“调制（U）”“镶边（F）”选项，如图 8－57 所示。

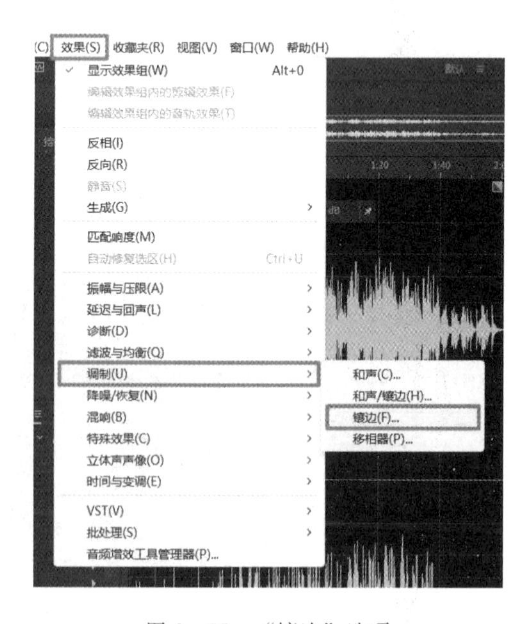

图 8－57　“镶边”选项

第二步：在弹出的“效果-镶边”对话框中单击“预设”列表框右侧的下拉按钮，在列表框中选择“声音镶边”选项，如图8-58所示。

第三步：在对话框下方将显示“声音镶边”预设的相关参数，单击“应用”选项，如图8-59所示。

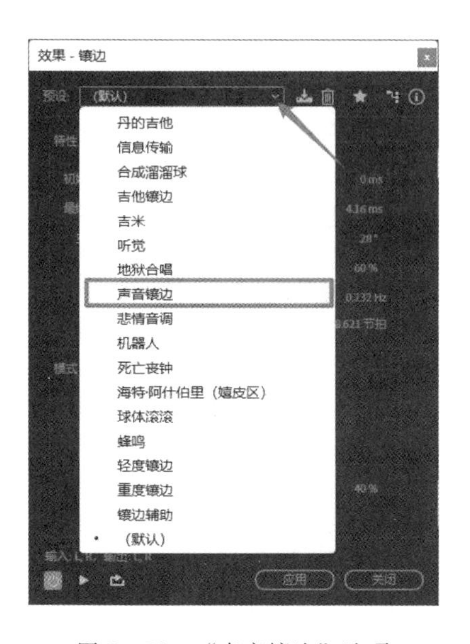

图8-58　“声音镶边”选项

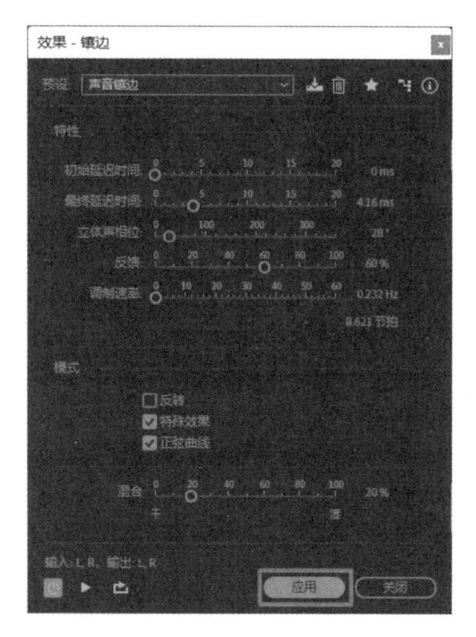

图8-59　“声音镶边”选项相关参数

这样即可使用镶边效果器处理音频，在“编辑器”窗口中可以查看处理后的音频音波效果，如图8-60所示。

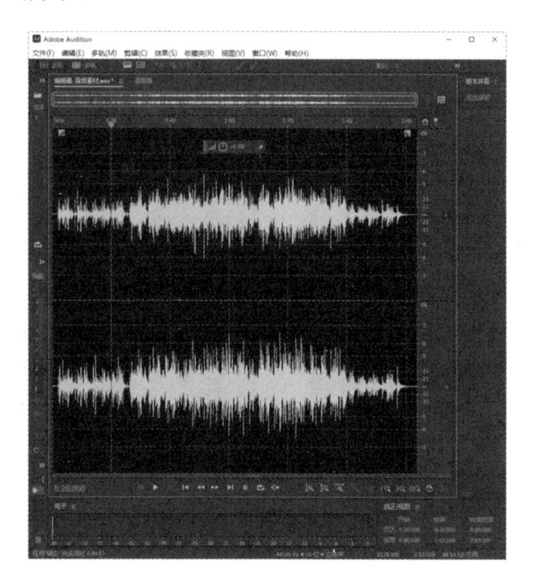

图8-60　处理后的音频音波效果

8.4.4 移相效果器

第一步：打开一段音频素材，在菜单栏中分别单击“效果（S）”“调制（U）”“移相器（F）”选项，如图 8－61 所示。

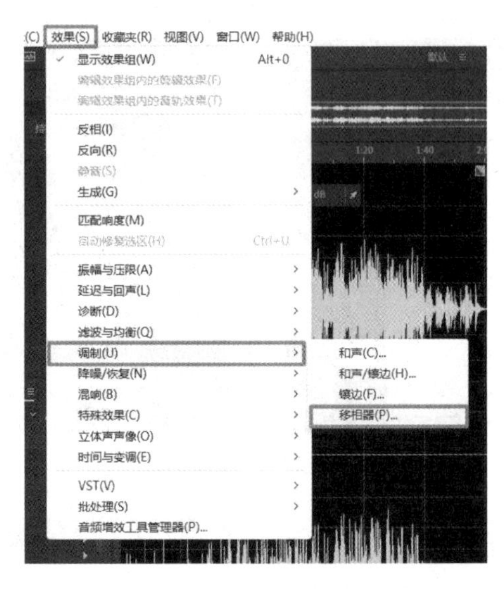

图 8－61　“移相器”选项

第二步：在弹出的“效果-移相器”对话框中单击“预设”列表框右侧的下拉按钮，在列表框中选择“卡通效果”选项，如图 8－62 所示。

第三步：在对话框下方将显示“卡通效果”预设的相关参数，单击“应用”选项，如图 8－63 所示。

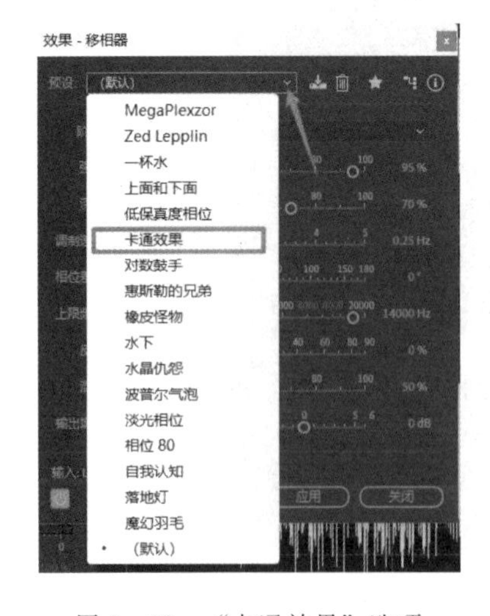

图 8－62　“卡通效果”选项

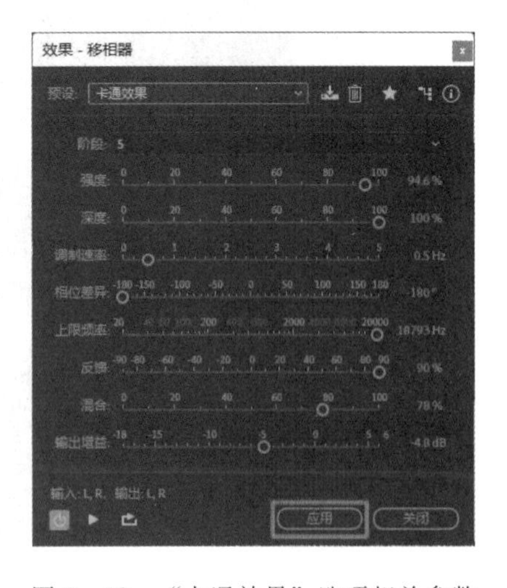

图 8－62　“卡通效果”选项相关参数

这样即可使用移相效果器处理音频，在“编辑器”窗口中可以查看处理后的音频音波效果，如图 8－64 所示。

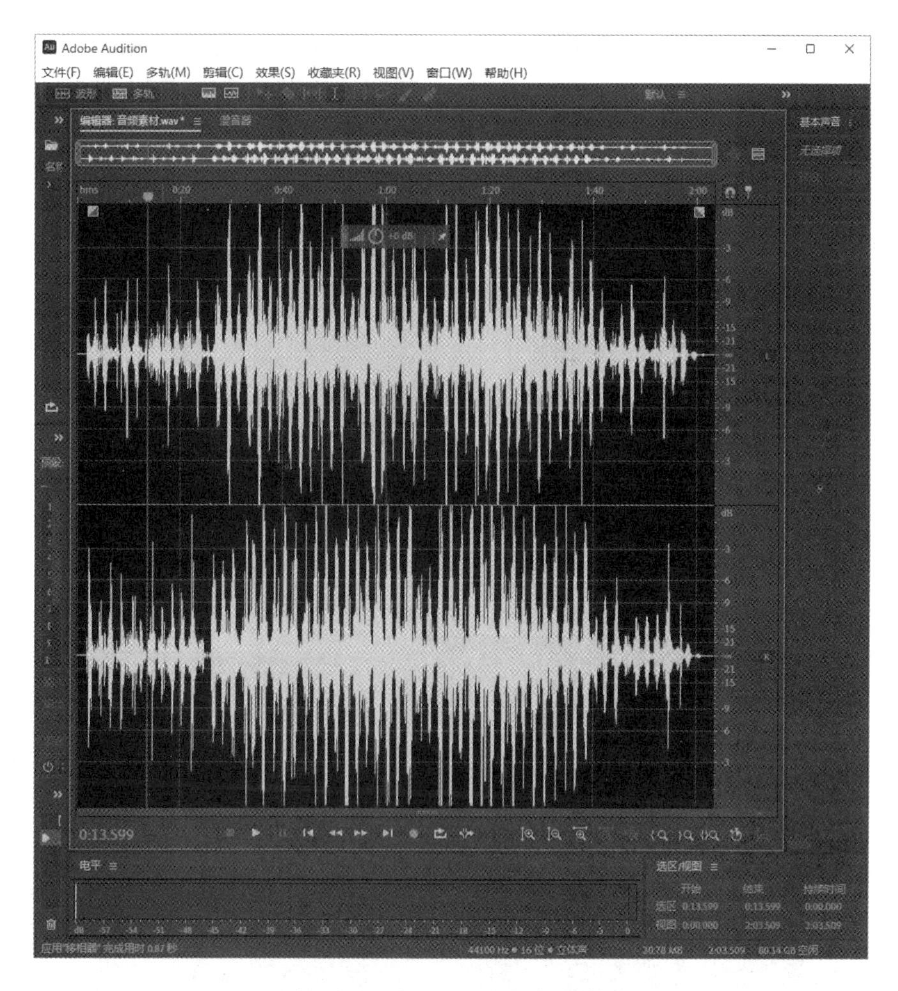

图 8－64　处理后的音频音波效果

8.5　特殊效果器

调制效果器

8.5.1　扭曲效果器

第一步：打开一段音频素材，在菜单栏中分别单击“效果（S）”“特殊效果（C）”“扭曲（D）”选项，如图 8－65 所示。

第二步：在弹出的“效果-扭曲”对话框的左侧窗格中，添加一个关键帧，并调整关键帧的位置，如图 8－66 所示。

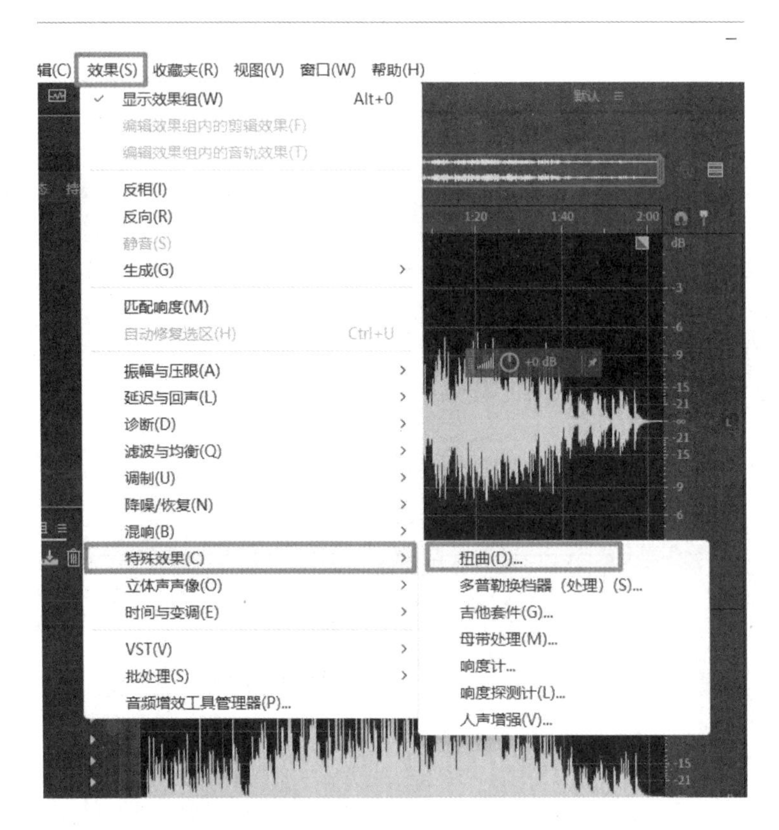

图 8－65 “扭曲”选项

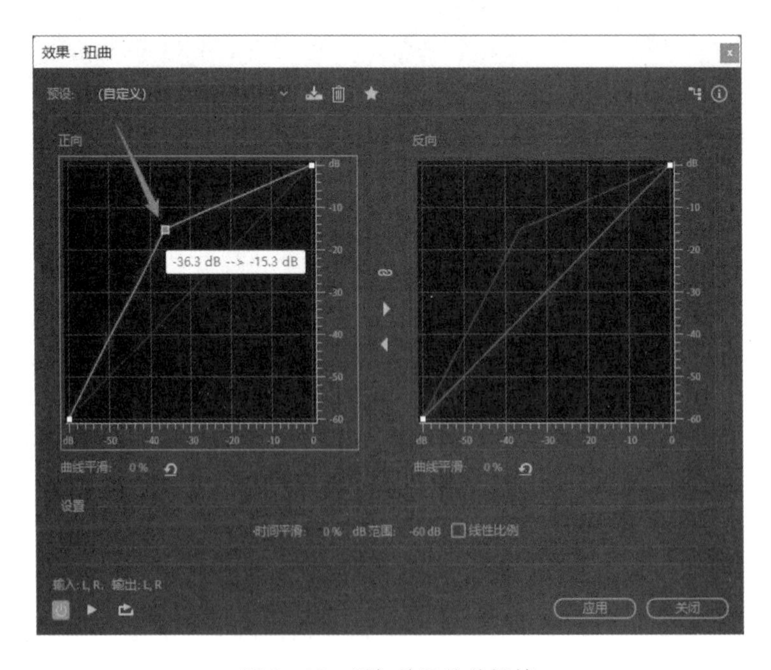

图 8－66 添加并调整关键帧

第三步：使用相同的方法，添加第 2 个关键帧，并调整其位置，单击“应用”选项，如图 8－67 所示。

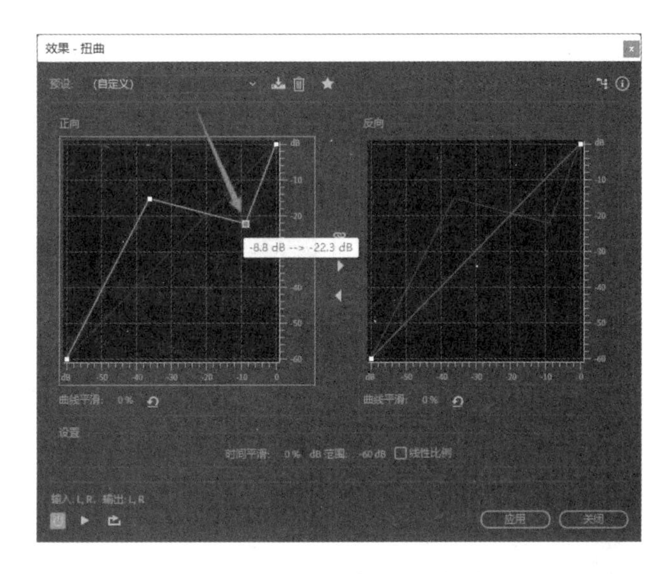

图 8－67　添加第 2 个关键帧

这样即可使用扭曲效果器处理音频，在“编辑器”窗口中可以查看处理后的音频音波效果，如图 8－68 所示。

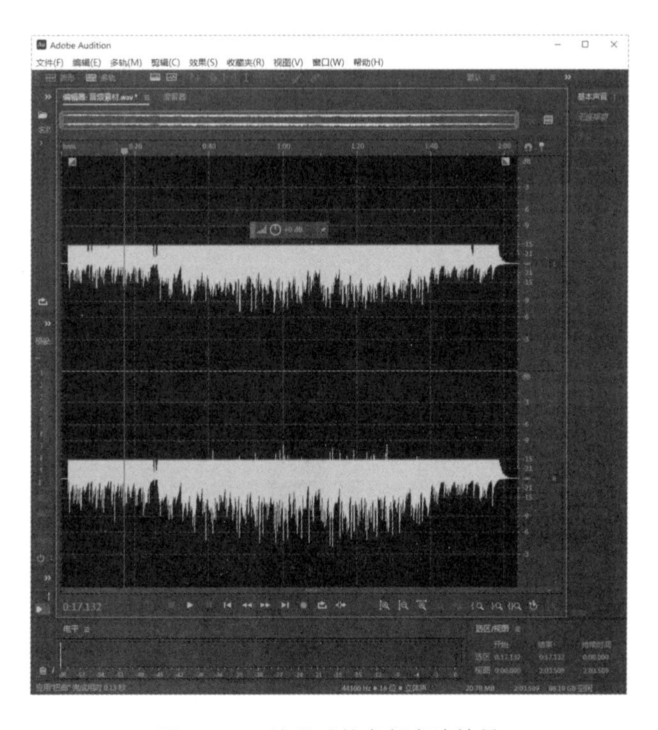

图 8－68　处理后的音频音波效果

8.5.2 多普勒换挡器效果器

第一步：打开一段音频素材，在菜单栏中分别单击“效果（S）”“特殊效果（C）”“多普勒换挡器（处理）（S）”选项，如图 8-69 所示。

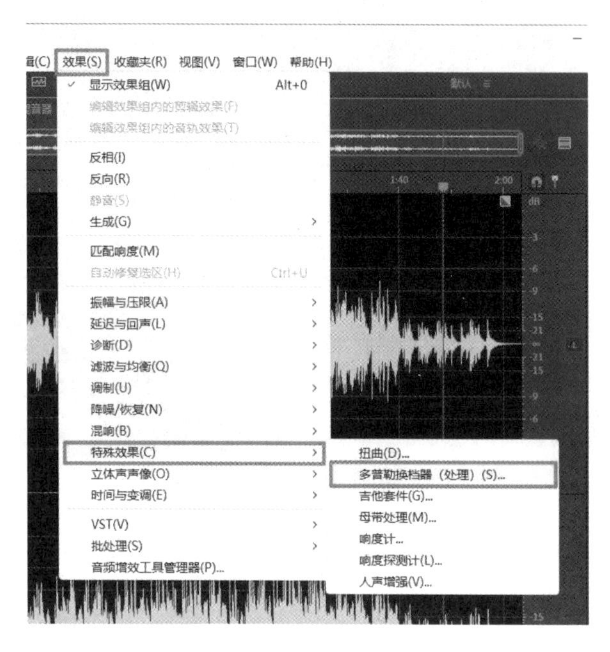

图 8-69 “多普勒换挡器（处理）”选项

第二步：在弹出的“效果-多普勒换挡器”对话框中单击“预设”列表框右侧的下拉按钮，然后在列表框中选择“滴水”选项，如图 8-70 所示。

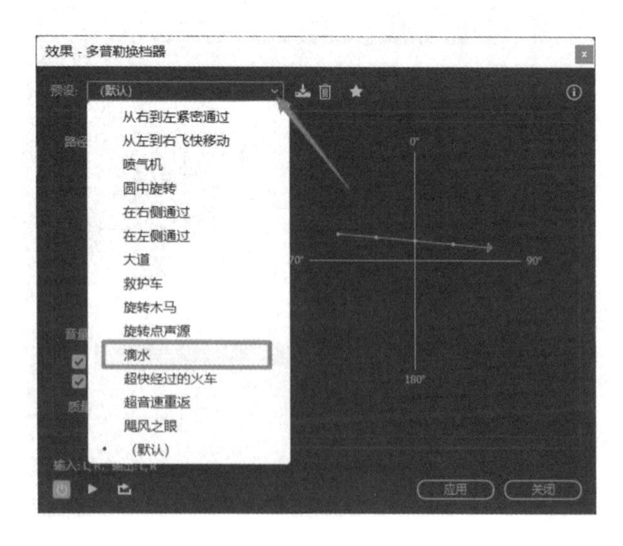

图 8-70 “滴水”选项

第三步：在对话框下方将显示“滴水”预设的相关参数，单击“应用”选项，如图 8－71 所示。

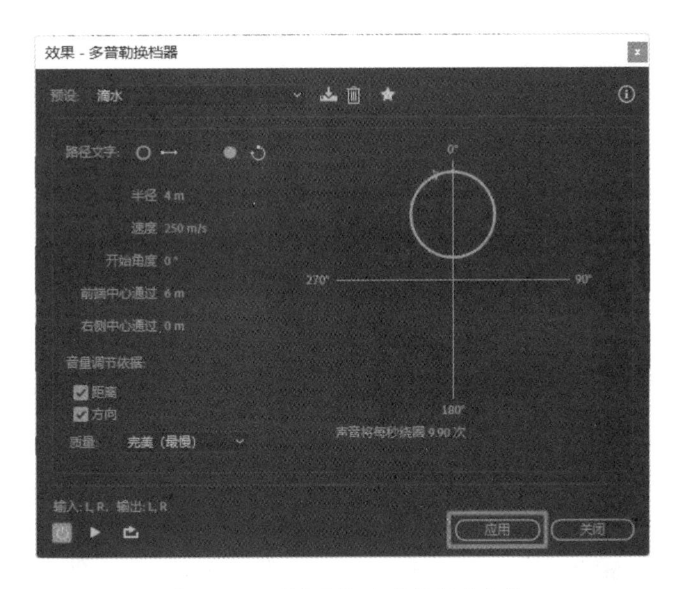

图 8－71　“滴水”选项的相关参数

这样即可使用多普勒换挡效果器处理音频，在“编辑器”窗口中可以查看处理后的音频音波效果，如图 8－72 所示。

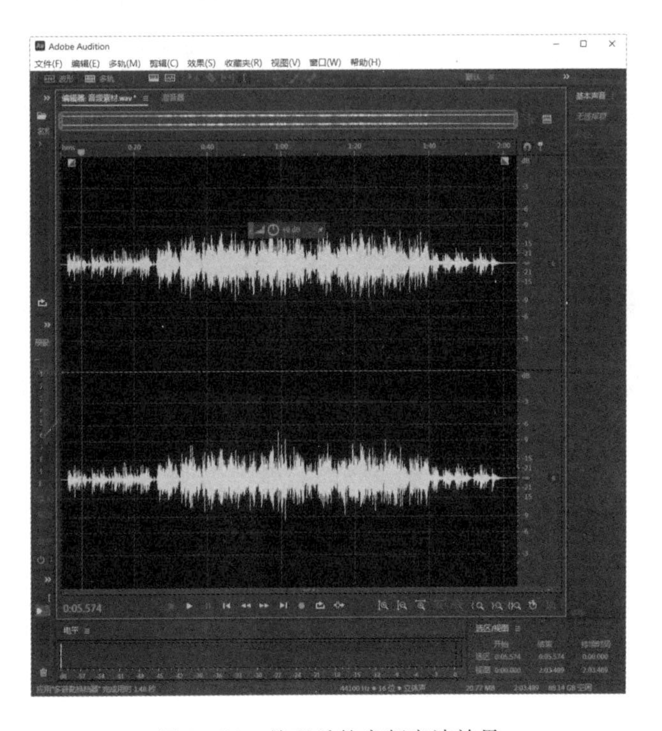

图 8－72　处理后的音频音波效果

8.5.3 吉他套件效果器

第一步：打开一段音频素材，在菜单栏中分别单击“效果（S）”“特殊效果（C）”“吉他套件（G）”选项，如图 8－73 所示。

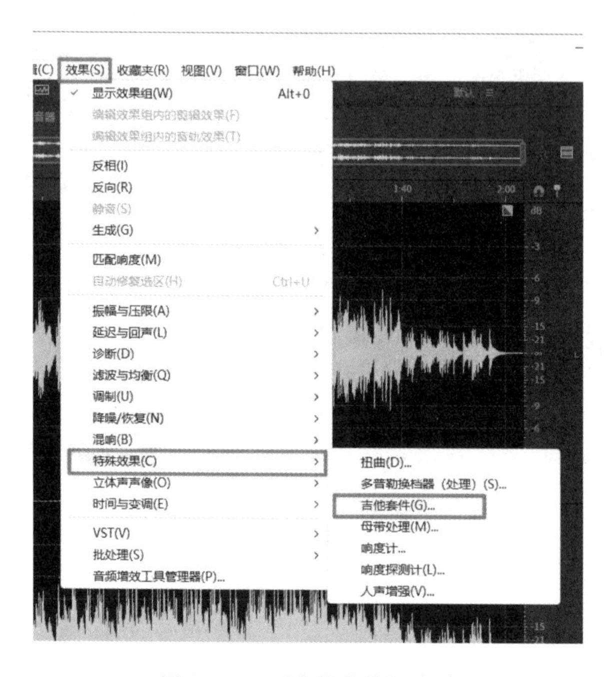

图 8－73 “吉他套件”选项

第二步：在弹出的“效果-吉他套件”对话框中单击“预设”列表框右侧的下拉按钮，在列表框中选择“可笑的共振”选项，如图 8－74 所示。

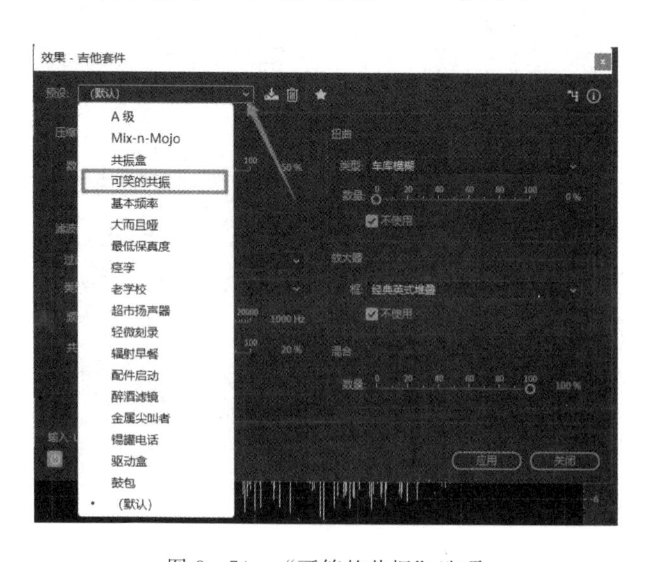

图 8－74 “可笑的共振”选项

第三步：在对话框下方将显示“可笑的共振”预设的相关参数，单击“应用”选项，如图 8-75 所示。

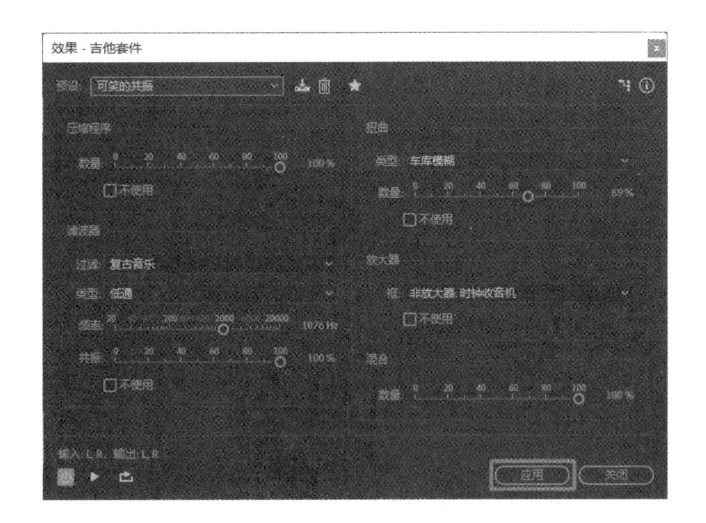

图 8-75　“可笑的共振”选项相关参数

这样即可使用吉他套件效果器处理音频，在“编辑器”窗口中可以查看处理后的音频音波效果，如图 8-76 所示。

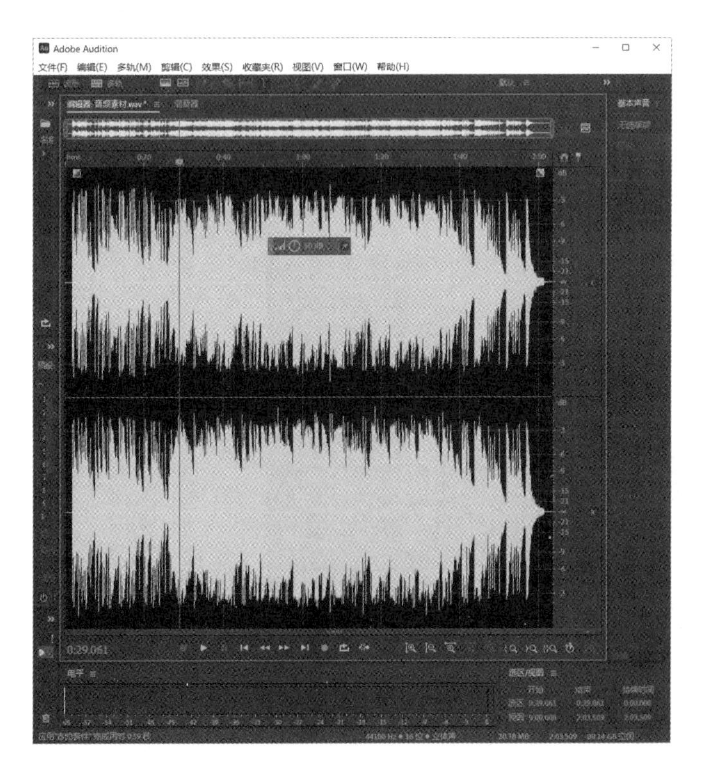

图 8-76　处理后的音频音波效果

8.5.4 人声增强效果器

第一步：打开一段音频素材，在菜单栏中分别单击“效果（S）”“特殊效果（C）”“人声增强（V）”选项，如图 8-77 所示。

第二步：在弹出的“效果-人声增强”对话框中单击“音乐”单选项，单击“应用”选项，如图 8-78 所示。

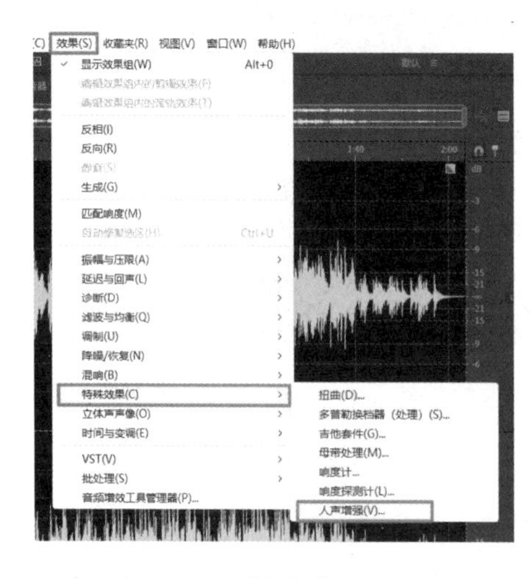

图 8-77 “人声增强”选项

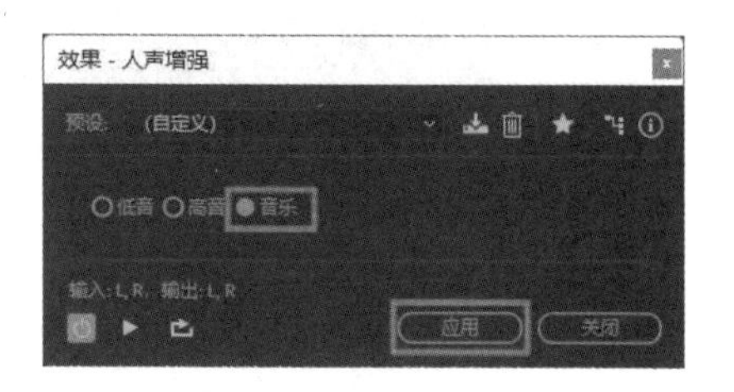

图 8-78 “效果-人声增强”

这样即可使用人声增强效果器处理音频，在“编辑器”窗口中可以查看处理后的音频音波效果，如图 8-79 所示。

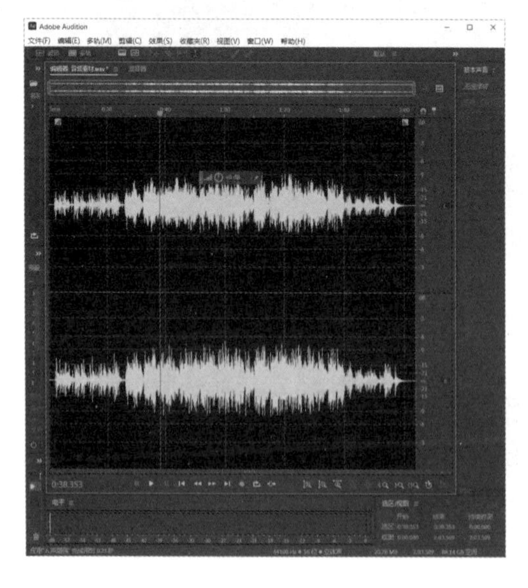

图 8-79 处理后的音频音波效果

特殊效果器

8.6　立体声声像

8.6.1　中置声道提取器效果器

第一步：打开一段音频素材，在菜单栏中分别单击“效果（S）”“立体声声像（O）”“中置声道提取器（C）”选项，如图 8 - 80 所示。

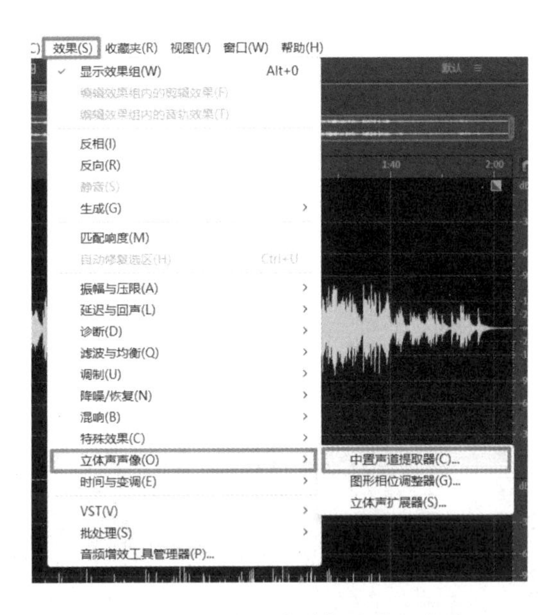

图 8 - 80　“中置声道提取器”选项

第二步：在弹出的“效果-中置声道提取”对话框中单击“预设”列表框右侧的下拉按钮，在列表框中选择“卡拉 OK（降低人声 20 dB）”选项，如图 8 - 81 所示。

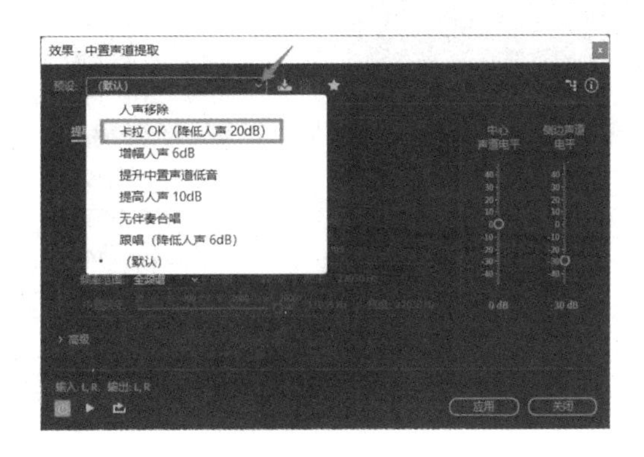

图 8 - 81　“卡拉 OK（降低人声 20 dB）”选项

第三步：在对话框下方将显示“卡拉 OK（降低人声 20 dB）”预设的相关参数，单击“应用”选项，如图 8-82 所示。

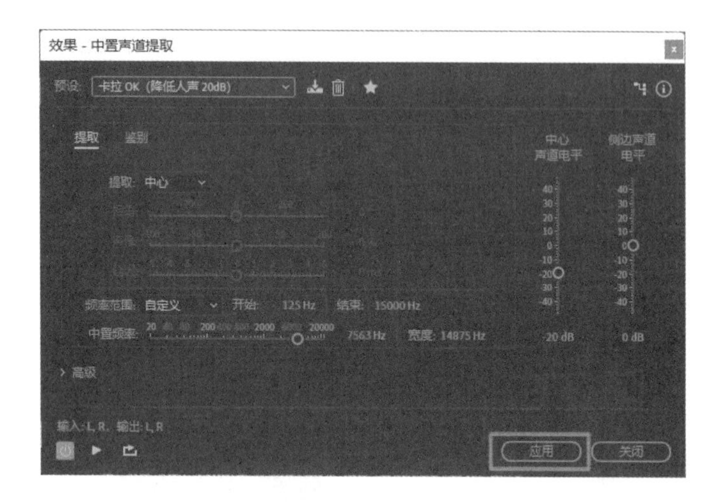

图 8-82 “卡拉 OK（降低人声 20 dB）”选项相关参数

这样即可使用中置声道提取效果器处理音频，在“编辑器”窗口中可以查看处理后的音频音波效果，如图 8-83 所示。

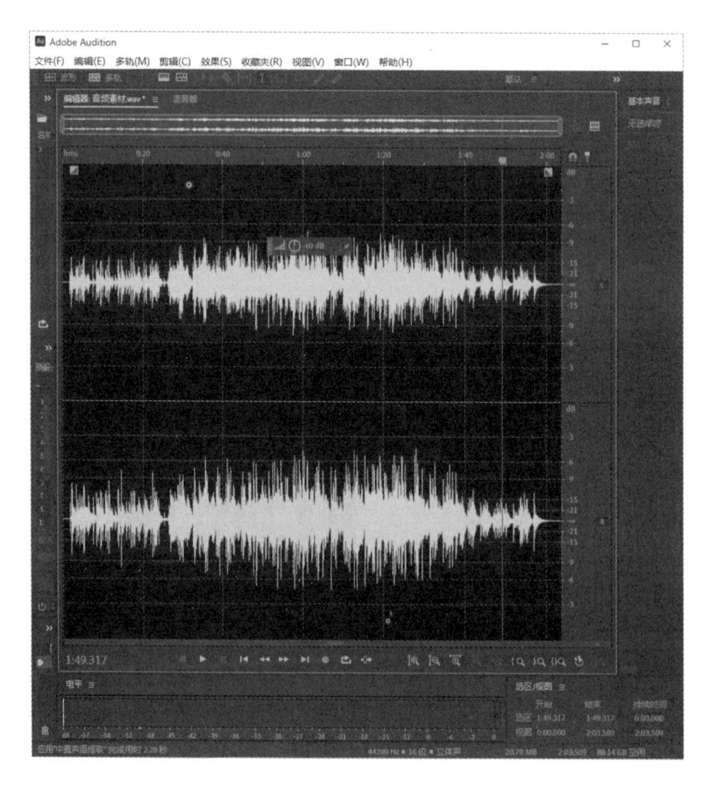

图 8-83 处理后的音频音波效果

8.6.2　图形相位调整器效果器

第一步：打开一段音频素材，在菜单栏中分别单击“效果（S）”“立体声声像（O）”“图形相位调整器（G）”选项，如图 8－84 所示。

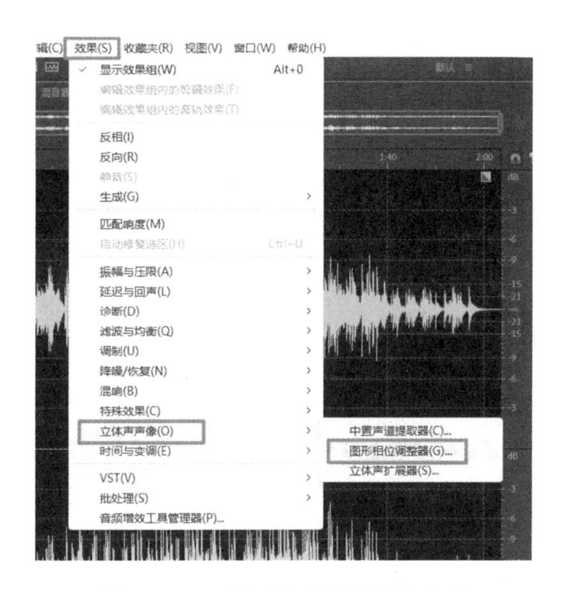

图 8－84　“图形相位调整器”选项

第二步：在弹出的“效果-图形相位调整器”对话框中单击“预设”列表框右侧的下拉按钮，在列表框中选择“介入相位”选项，如图 8－85 所示。

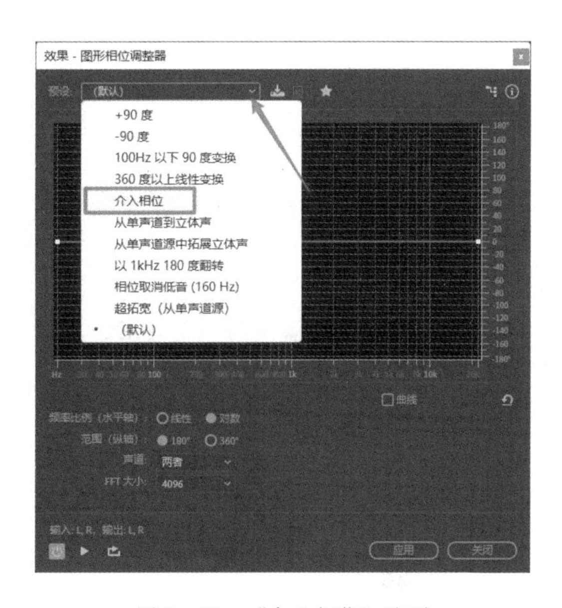

图 8－85　“介入相位”选项

第三步：在对话框下方将显示“介入相位”预设的相关参数，单击“应用”选项，如图 8－86 所示。

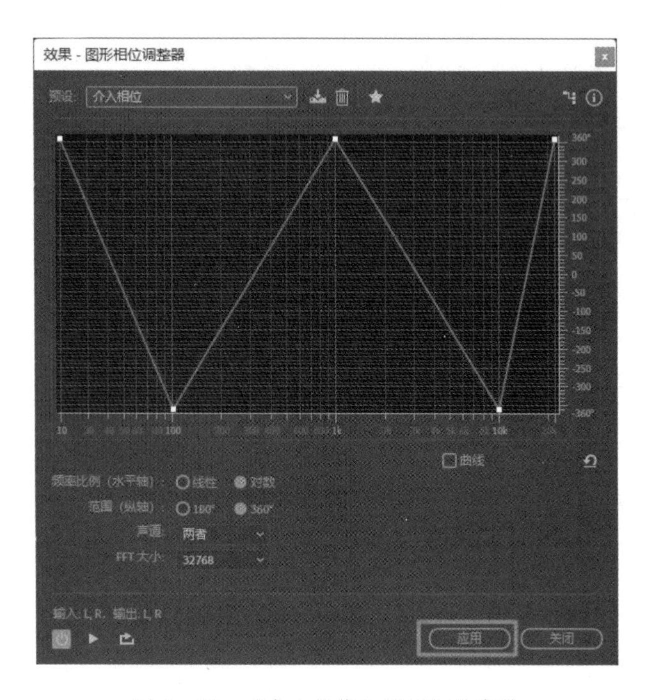

图 8－86　“介入相位”选项相关参数

这样即可使用图形相位调整效果器处理音频的波形，在“编辑器”窗口中可以查看处理后的音频音波效果，如图 8－87 所示。

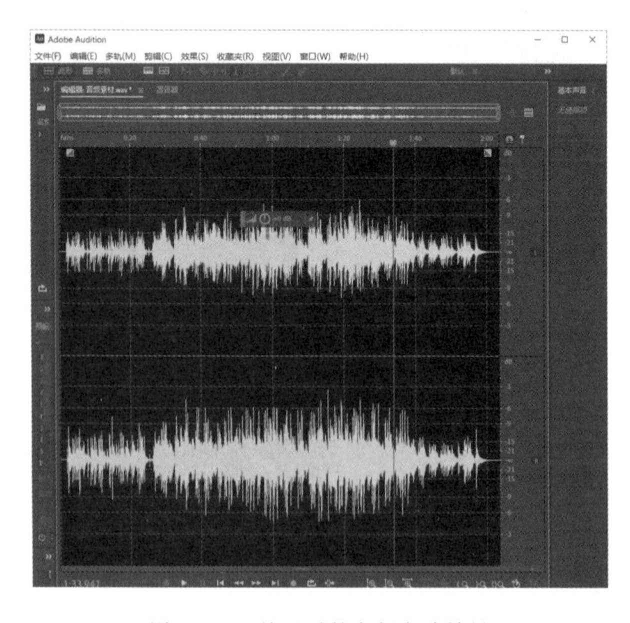

图 8－87　处理后的音频音波效果

8.6.3　立体声扩展器效果器

第一步：打开一段音频素材，在菜单栏中分别单击"效果（S）""立体声声像（O）""立体声扩展器（S）"选项，如图 8－88 所示。

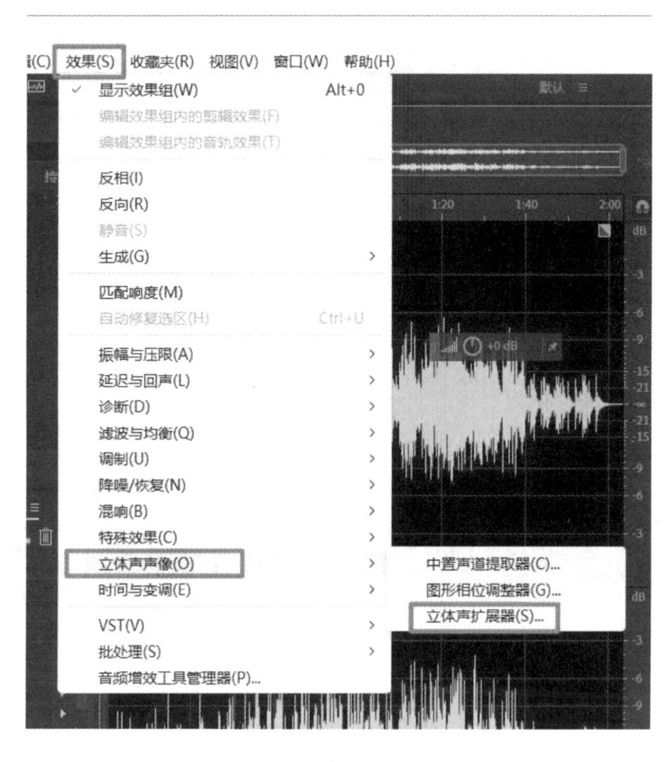

图 8－88　"立体声扩展器"选项

第二步：在弹出的"效果-立体声扩展器"对话框中单击"预设"列表框右侧的下拉按钮，在列表框中选择"宽场"选项，如图 8－89 所示。

第三步：在对话框下方将显示"宽场"预设的相关参数，单击"应用"选项，如图 8－90 所示。

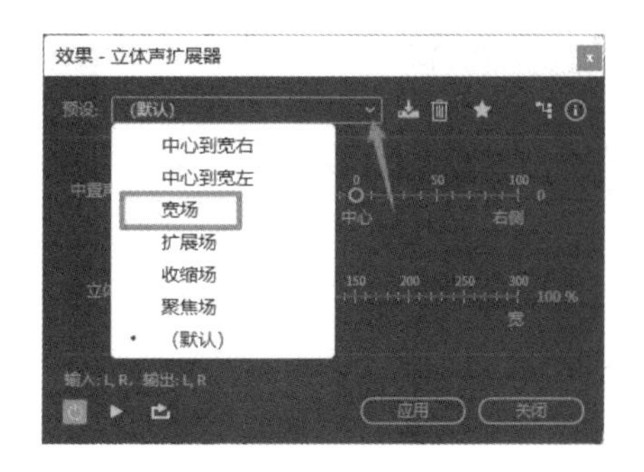

图 8－89　"宽场"选项

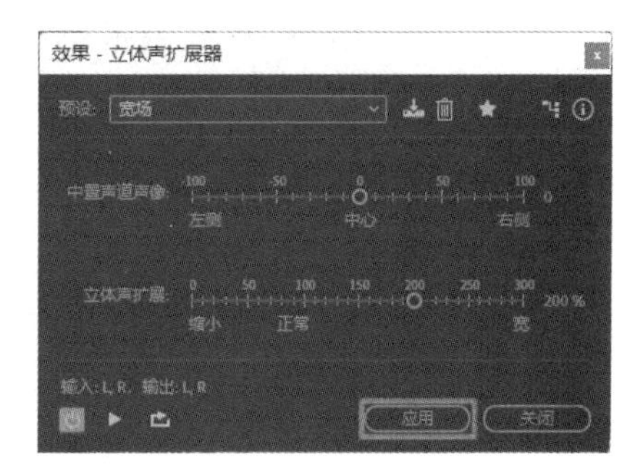

图 8－90　"宽场"选项相关参数

这样即可使用立体声扩展效果器处理音频，在“编辑器”窗口中可以查看处理后的音频音波效果，如图 8-91 所示。

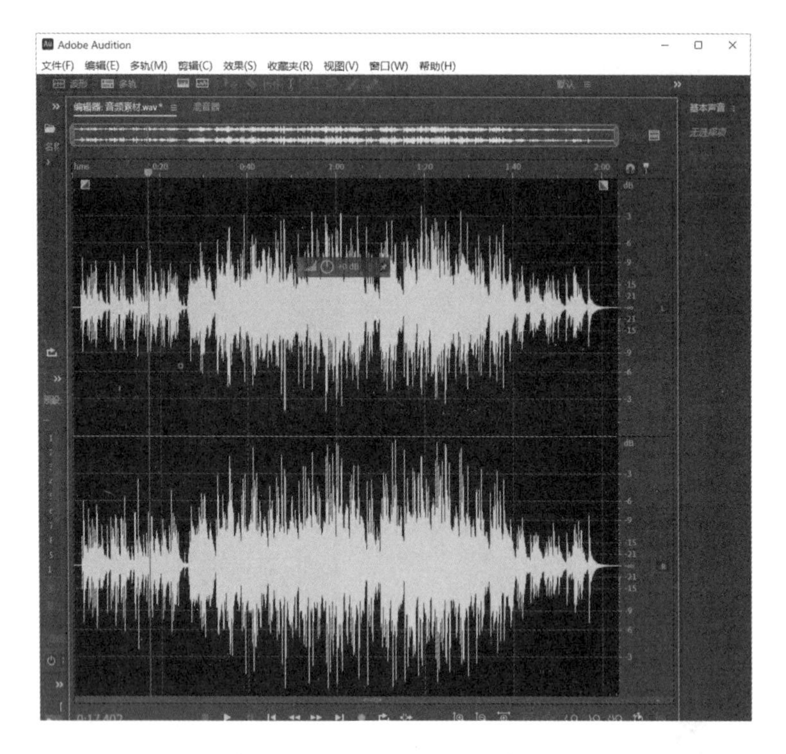

图 8-91　处理后的音频音波效果

8.7　本章小结

立体声声像

效果器是音频设计中的重要工具，它可以帮助我们调整音频的音色平衡、动态、环境或特殊效果等。效果器可以通过多种方式应用，包括效果组、效果菜单和收藏夹等。在效果组中，我们可以添加多达 16 种效果组合，以制作复杂的效果器链。选择合适的预设并做适当的调整是音频处理工作的常见形态。收藏夹可以保存常用的效果器设置，方便我们在后续工作中快速应用。通过本章对效果器的学习，我们可以更好地掌握音频设计的技巧，提高音频处理的能力。

第 9 章　混音效果

9.1　混音的基本概念

混音（MIX）也就是混缩，是将多个音轨或声音源混合在一起，以获得最终音频产品的过程。该过程需要将每个音轨录制的声音进行编辑，包括删除不需要的部分、调整音量和平衡、添加效果等。这种处理方式能制作一般听众在现场录音时难以听到的层次分明的完美效果。

混音工作是所有前期录音都已经完成后的步骤。在混音的过程中，需要考虑每个音轨的音量和平衡，以确保每个音轨在整个混音中的角色得到充分体现，混音师会将每一个原始信号的频率、动态、音质、定位、残响和声场单独进行调整，让各音轨最佳化，之后再叠加于最终成品上。

9.2　声音的平衡

启动 Adobe Audition 2022 软件，确定处于“多轨合成”编辑状态。在菜单栏中分别单击“窗口（W）”“混音器（X）”选项，即可打开“混音器”面板，如图 9－1 所示。

9.2.1　判断音量大小

可通过听和看两种方法判断音频音量的大小。在“传输”面板中单击“循环播放”选项，反复播放多轨项目，仔细分辩哪一个音轨的音量过高、哪一个音轨的音量过低，并根据判断调整相应音轨的音量，从而达到调整整体音量的效果，如图 9－2 所示。

第二种方法就是查看“混音器”面板中每一个音轨的电平表，以了解各音轨的实际音量情况，如图 9－3 所示。在 Adobe Audition 2022 中，电平表带有峰值保持功能，可以显示该音轨曾经达到过的最大电平。

图 9-1 “混音器”面板

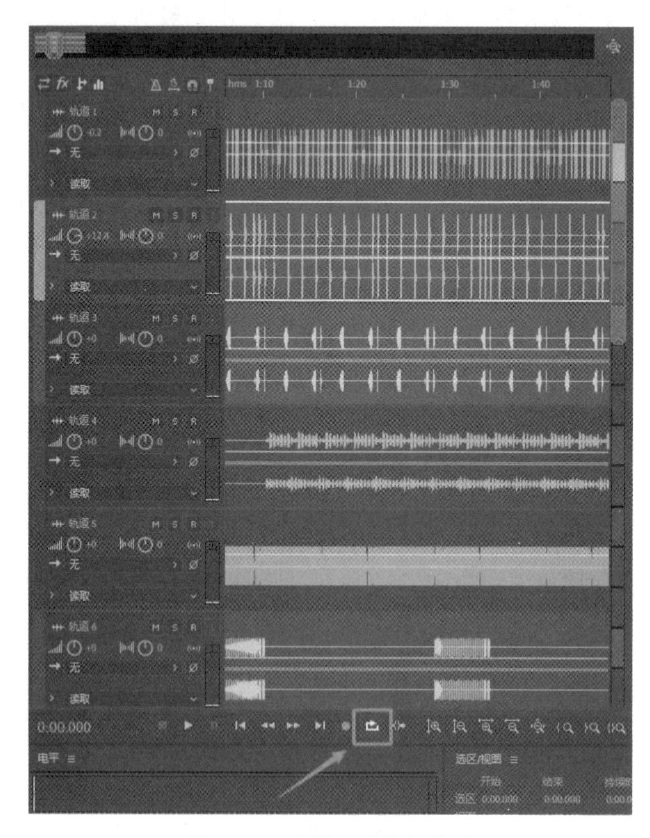

图 9-2 “循环播放”选项

图 9－3　音轨电平表

9.2.2　调整音量大小

调整音量的方法有两种：一是在“轨道属性”面板中进行调整，另一种则是在“混音器”面板中进行调整。

在“编辑器”窗口中，首先选择需要调整的音轨，然后单击并拖动“音量”选项，调整音量的大小，如图 9－4 所示；也可以在其后面的参数栏中直接输入参数值进行调整，输入的范围可以从负无穷到＋15 dB。

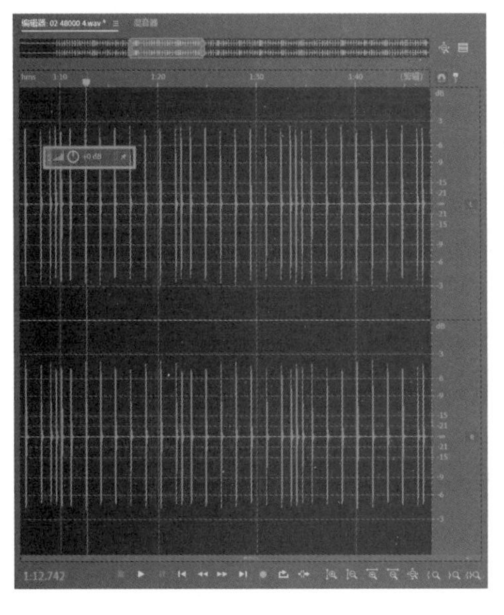

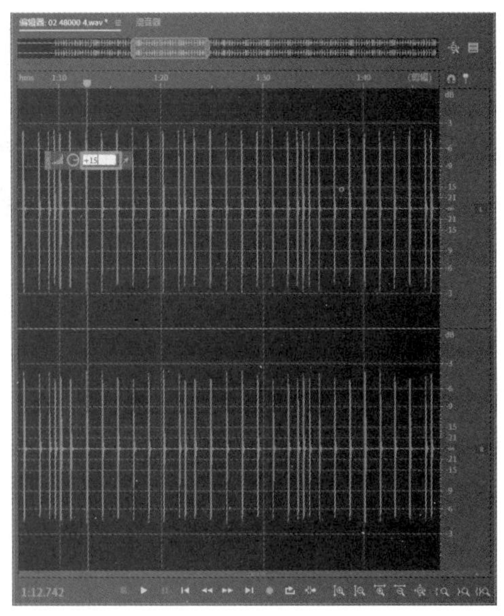

图 9－4　调整音量大小

9.2.3 在“混音器”面板中调整音量

在“混音器”面板中，单击并上下拖动“音量”滑块，如图 9－5 所示，可以很好地完成音轨的音量调整。“音量”滑块位于每一个音轨的电平表的左侧。

图 9－5 调整音量

9.2.4 轨道间的平衡

轨道间的平衡主要涉及不同音频轨道之间的音量和频率平衡。在音频编辑中，通常会有多个轨道，如人声、乐器、背景音等。为了使整体音效协调，需要对这些轨道进行平衡。主要的平衡方法是调整每个轨道的音量和频率。音量调整可以通过拖动音量滑块或使用音量调节工具来完成。频率调整可以通过使用均衡器或滤波器来实现。

在平衡轨道时，需要考虑整体音效的平衡和协调。例如，如果人声轨道太响，可能会盖过其他轨道的声音，导致整体音效不协调。因此，需要根据实际情况进行调整，使各个轨道之间的音量和频率达到平衡。

除了音量和频率平衡外，还需要考虑轨道之间的空间感。空间感可以通过调整轨道的延迟混响等效果来实现。例如，可以为某些轨道添加混响效果，使它们听起来更远，从而营造更宽广的空间感。

混音的基本概念与声音的平衡

9.3　混缩的基本操作步骤

9.3.1　调整立体声平衡

调整音量的方法有两种，一种是在“轨道属性”面板中调整，即在多轨编辑模式下的波形显示区中，自上而下列出了每一个音轨，找到准备进行相位调整的“轨道属性”面板，如图9－6所示。

另一种调整方式则是在“混音器”面板中进行调整。在“混音器”面板上也有一个“相位调整”选项，如图9－7所示。该选项在“音量”滑块上方，同样在右侧也有相位参数的显示，以方便查看。在“相位调整”选项上单击并进行拖动，即可完成对音频的立体声平衡调整。拖动该选项，数值也会发生相应改变。

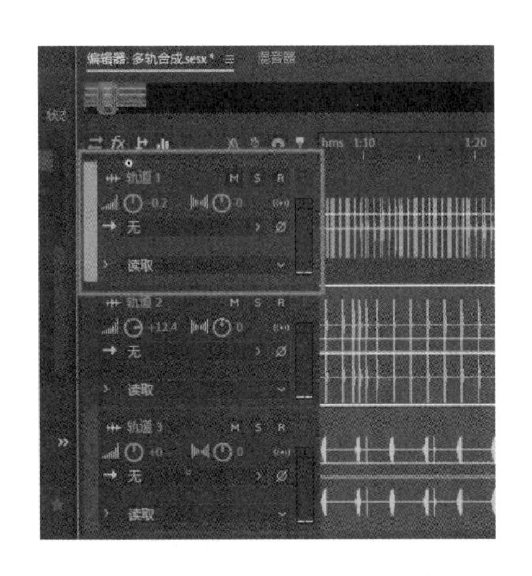

图9－6　“轨道属性”面板

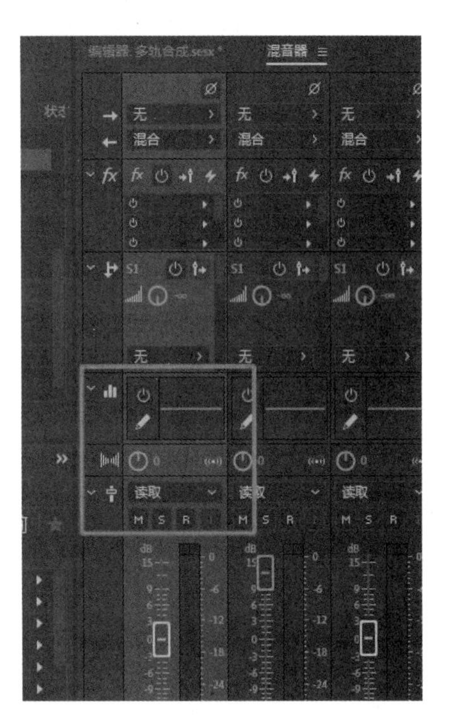

图9－7　“相位调整”选项

9.3.2　插入效果器

第一步：选择需要添加效果器的轨道，打开“效果组”面板，为音频插入效果器，如图9－8所示。

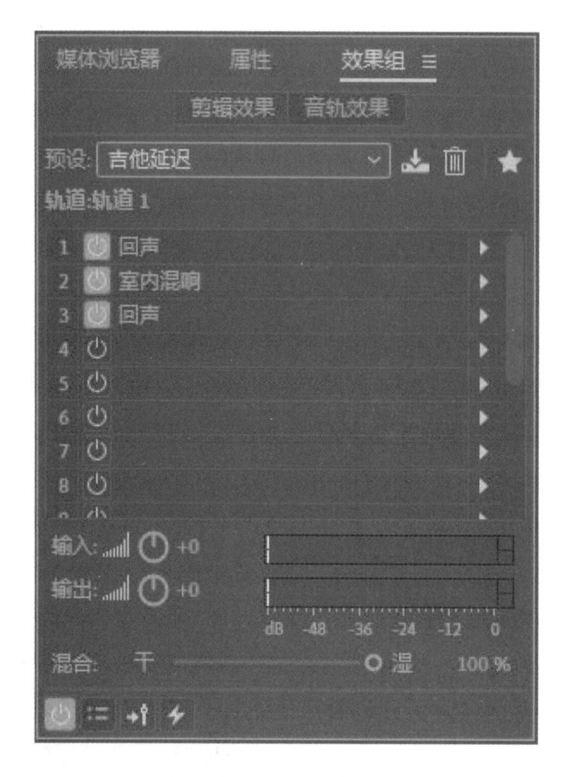

图 9－8　“效果组”面板

第二步：如果需要修改效果器参数，只需双击该效果，在弹出的“组合效果-回声”对话框中进行修改即可，如图 9－9 所示。

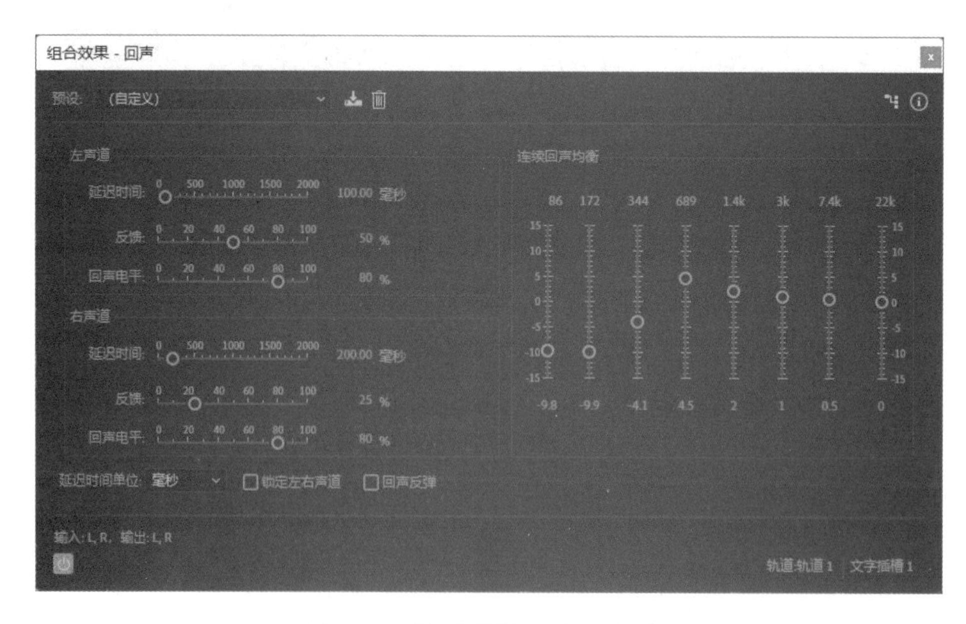

图 9－9　“组合效果-回声”对话框

9.3.3　在“多轨合成”模式下插入效果器

第一步：在“多轨合成”模式下，单击“效果”选项，如图 9－10 所示，此时“轨道属性”面板变为“插入效果器”面板。

第二步：单击右侧的“向右三角”选项，可以打开“效果器”列表，在弹出的菜单中选择需要添加的效果，如“回声”效果，如图 9－11 所示。效果器会自动把选中的效果添加到“效果器”列表栏中，这样即可完成在“多轨合成”模式下插入效果器的操作。

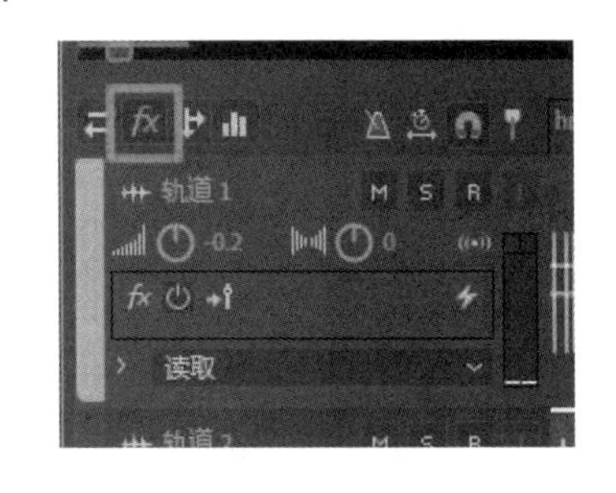

图 9－10　“效果”选项

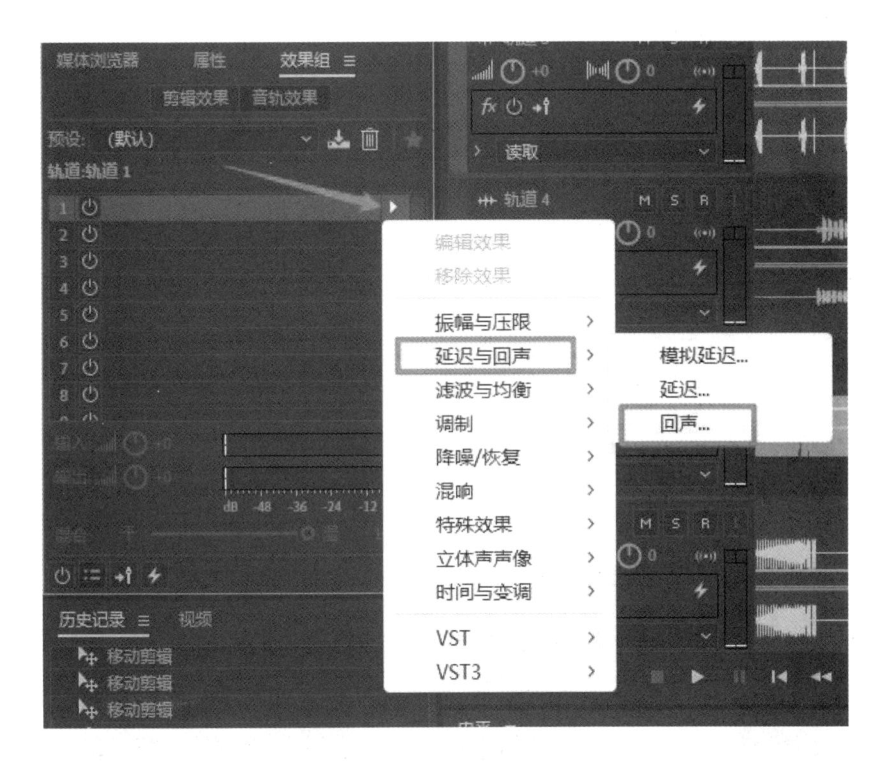

图 9－11　添加“回声”效果

9.3.4　使用“混音器”插入效果器

第一步：在菜单栏中分别单击“窗口（W）”“混音器（X）”选项，如图 9－12 所示。

第二步：打开“混音器”面板，单击“效果”选项，如图 9－13 所示。

第三步：展开“效果器”列表栏，单击“效果器”列表右侧的“向右三角”选项，可以选择需要添加的效果，如“回声”效果，如图 9－14 所示。

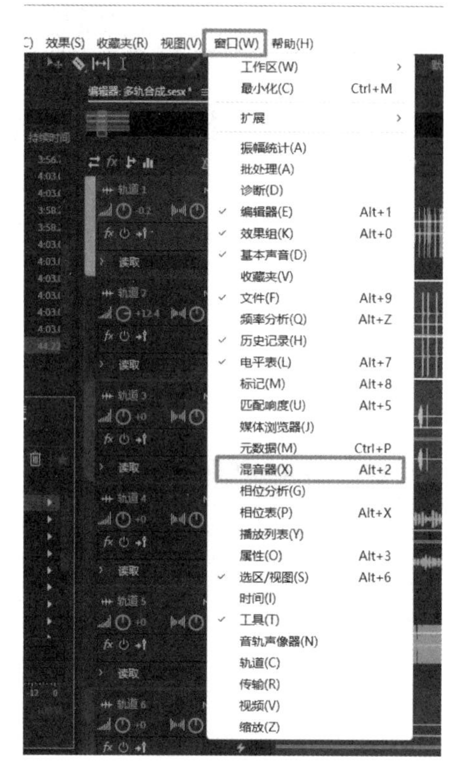

图 9－12　“混音器”选项

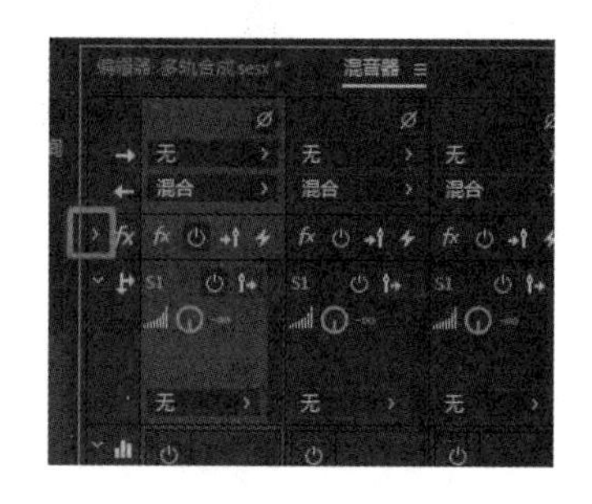

图 9－13　“混音器”面板

第四步：在弹出的快捷菜单中选择需要添加的效果后即可完成使用“混音器”插入效果器的操作，如图 9－15 所示。

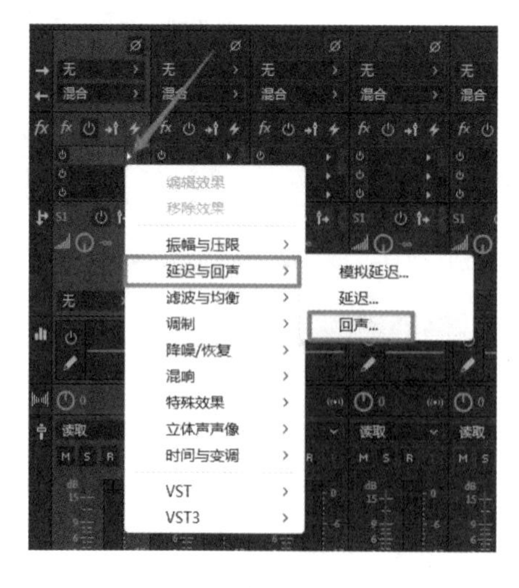

图 9－14　添加“回声”效果

图 9－15　“混音器”面板

9.4　滤波与均衡效果器的处理

混缩的基本操作步骤

9.4.1　FFT 滤波效果器

第一步：打开一段音频素材，在菜单栏中分别单击“效果（S)”“滤波与均衡（Q)”“FFT 滤波器（F)”选项，如图 9－16 所示。

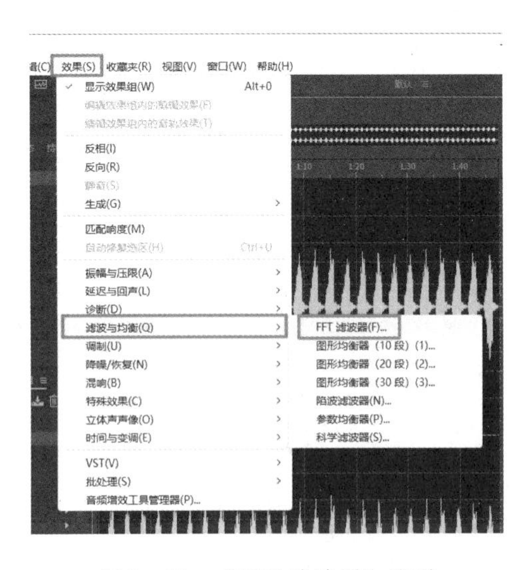

图 9－16　“FFT 滤波器”选项

第二步：在弹出的“效果- FFT 滤波器”对话框中间的图形区域，添加 2 个关键帧，并调整关键帧的位置，绘制凹凸线型，单击“应用”选项，如图 9－17 所示。

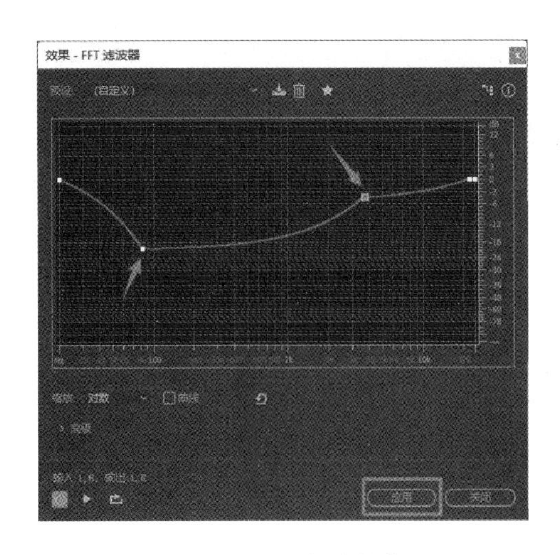

图 9－17　添加关键帧

这样即可使用 FFT 滤波效果器处理音频，在“编辑器”窗口中可以查看处理后的音频音波效果，如图 9-18 所示。

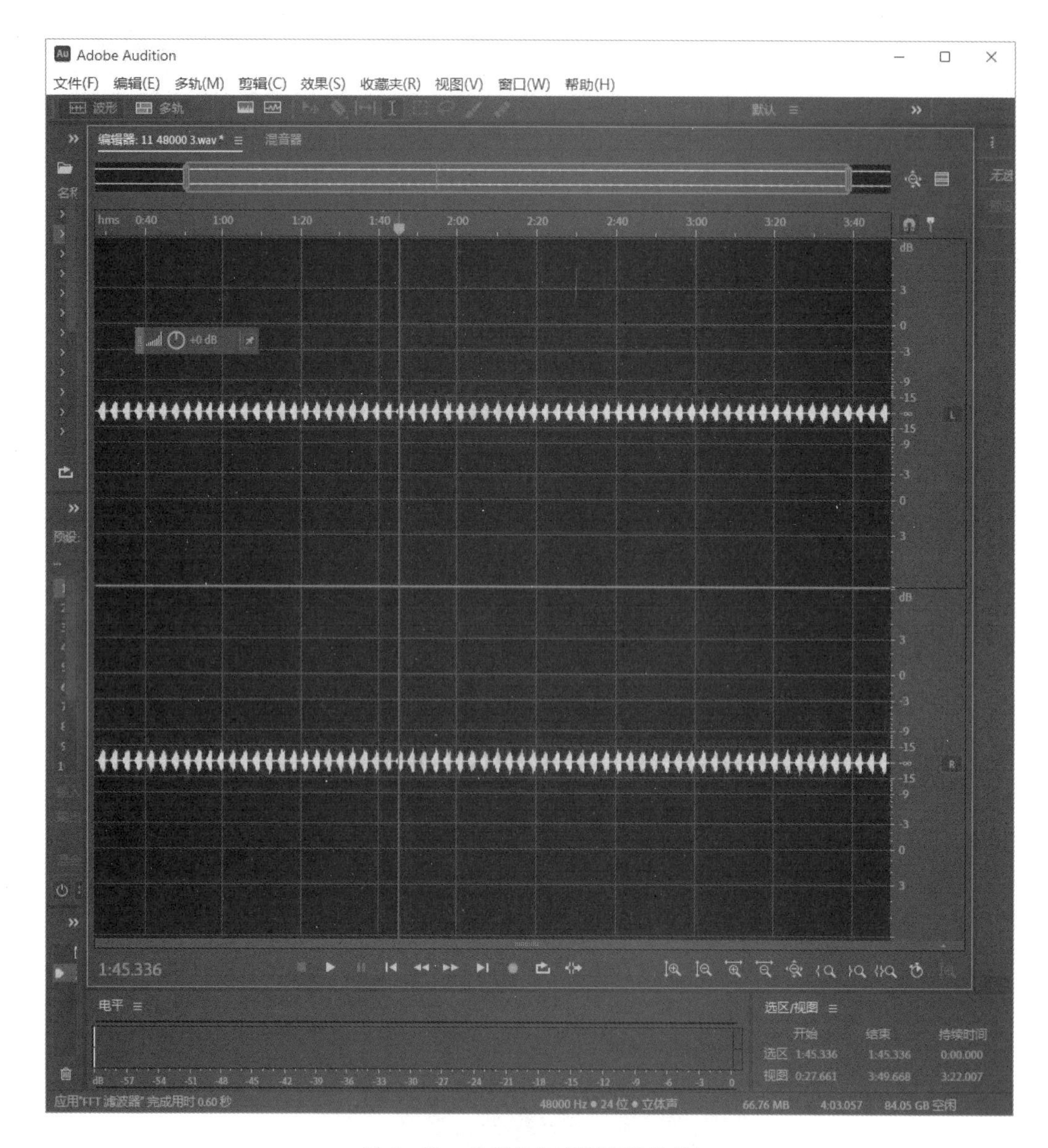

图 9-18 处理后的音频音波效果

9.4.2 EQ 均衡处理——提升音频中 10 段之间的音频频段

第一步：打开一段音频素材，在菜单栏中分别单击“效果（S）”“滤波与均衡（Q）”“图形均衡器（10 段）（1）”选项，如图 9-19 所示。

第二步：在弹出的“效果-图形均衡器（10 段）”对话框中单击“预设”列表框右侧的下拉按钮，在弹出的列表框中选择“1965 -第 2 部分”选项，如图 9-20 所示。

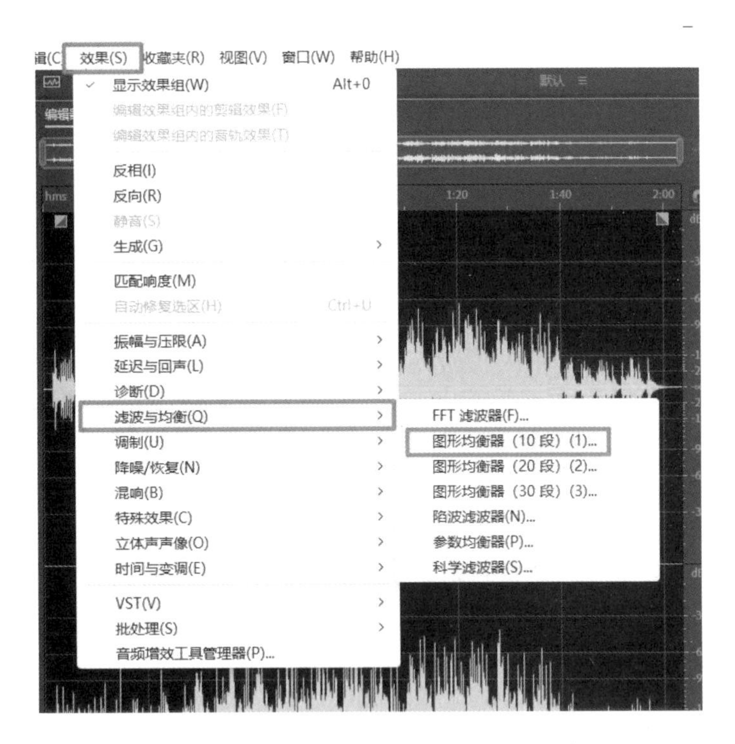

图 9 - 19　“图形均衡器（10 段）”选项

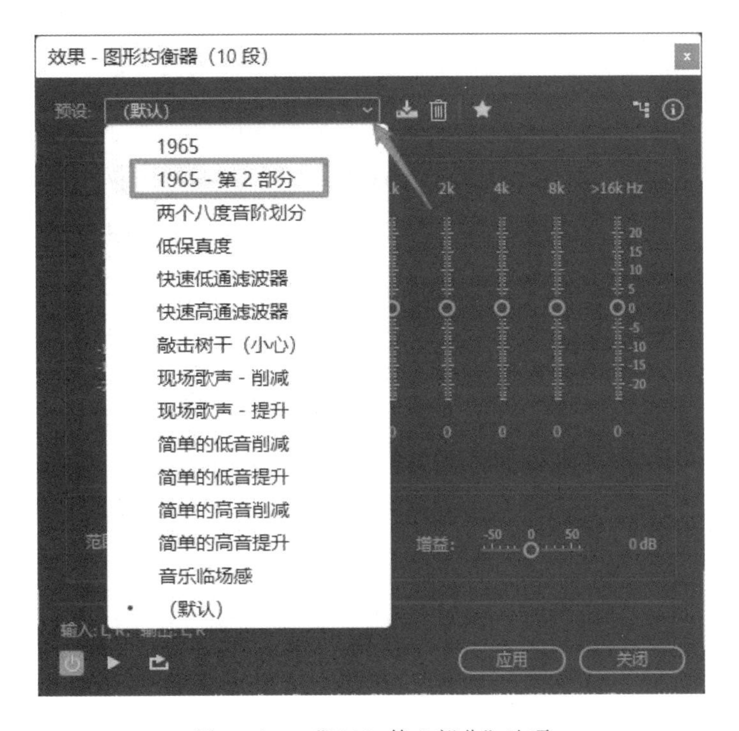

图 9 - 20　“1965 -第 2 部分”选项

第三步：在对话框下方将显示“1965 -第 2 部分”预设的相关参数，单击“应用”选项，如图 9 - 21 所示。

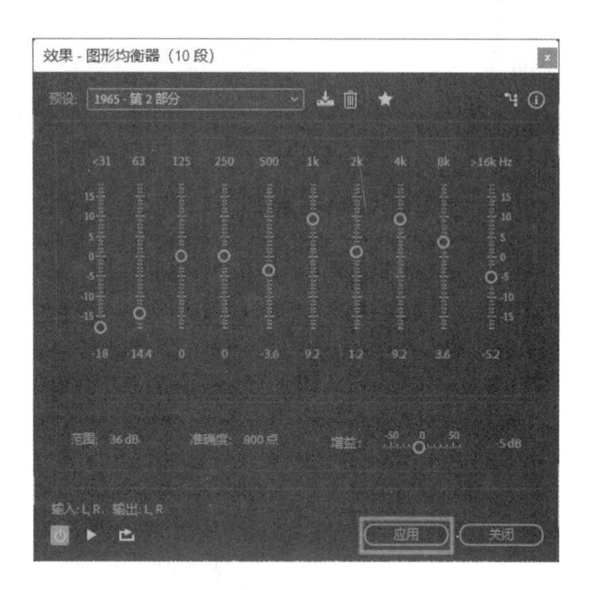

图 9 - 21　“1965 -第 2 部分”选项相关参数

这样即可使用“图形均衡器（10 段）”效果器处理音频，在“编辑器”窗口中可以查看处理后的音频音波效果，如图 9 - 22 所示。

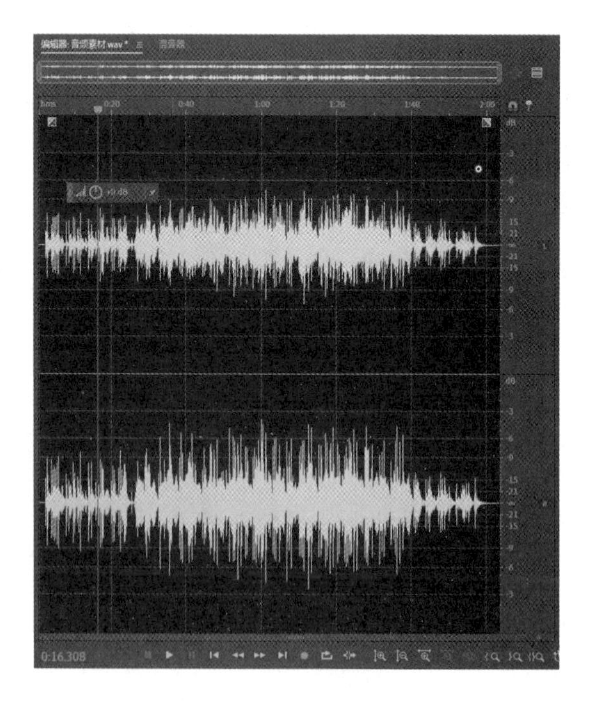

图 9 - 22　处理后的音频音波效果

9.4.3　EQ 均衡处理——削减音频中 20 段之间的音频频段

第一步：打开一段音频素材，在菜单栏中分别单击“效果（S）”“滤波与均衡（Q）”“图形均衡器（20 段）（2）”选项，如图 9－23 所示。

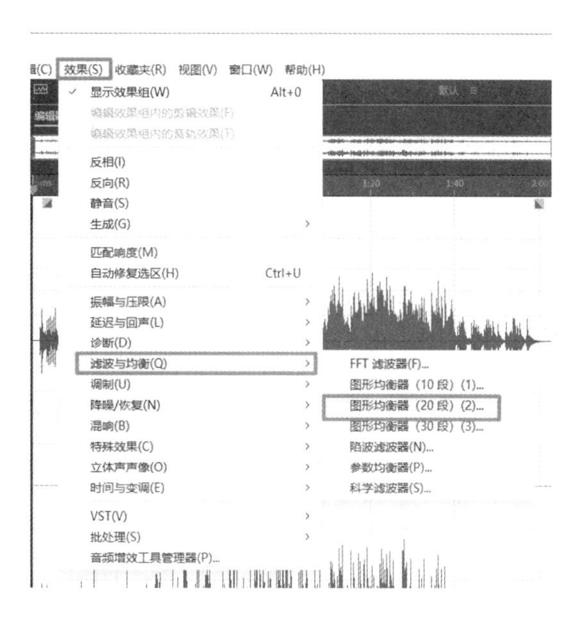

图 9－23　“图形均衡器（20 段）”选项

第二步：在弹出的“效果-图形均衡器（20 段）”对话框中单击“预设”列表框右侧的下拉按钮，在弹出的列表框中选择“适度的低音”选项，如图 9－24 所示。

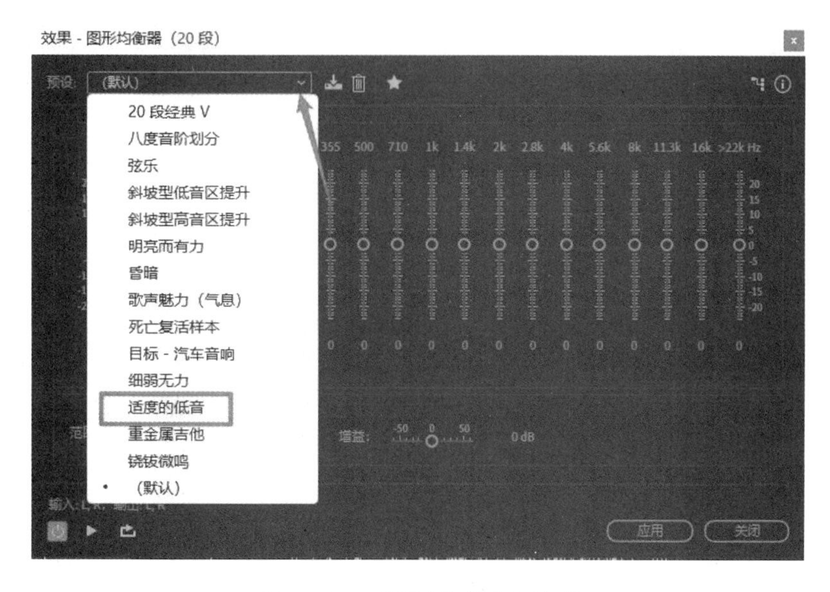

图 9－24　“适度的低音”选项

第三步：在对话框下方将显示“适度的低音”预设的相关参数，单击“应用”选项，如图 9 - 25 所示。

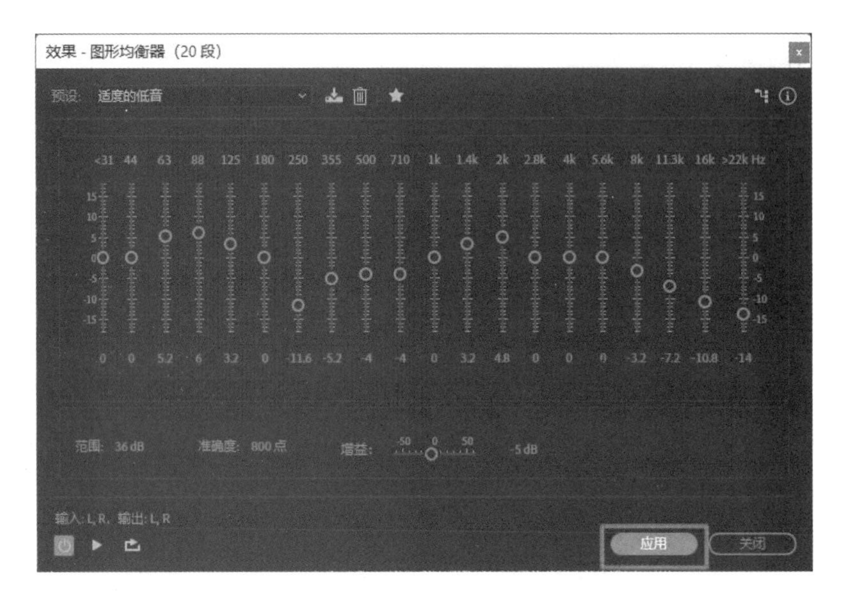

图 9 - 25　“适度的低音”选项相关参数

这样即可使用“图形均衡器（20 段）”效果器处理音频，在“编辑器”窗口中可以查看处理后的音频音波效果，如图 9 - 26 所示。

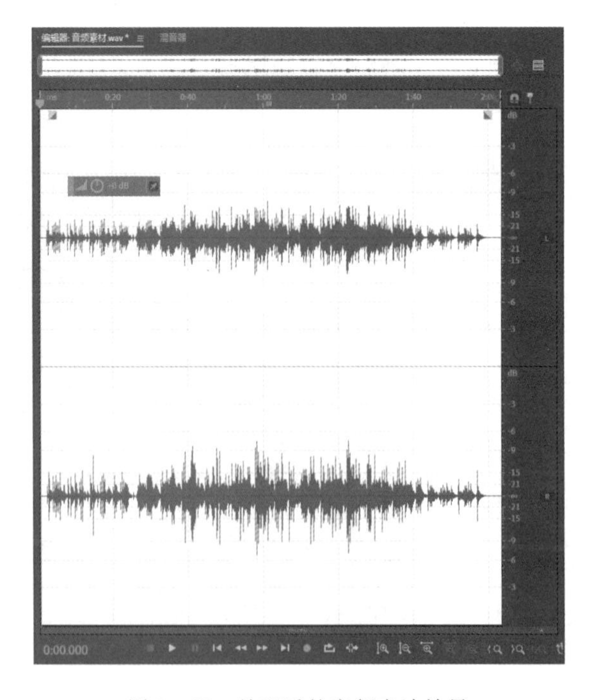

图 9 - 26　处理后的音频音波效果

9.4.4　参数均衡器

第一步：打开一段音频素材，在菜单栏中分别单击“效果（S）”“滤波与均衡（Q）”“图形均衡器（30 段）（3）”选项，如图 9－27 所示。

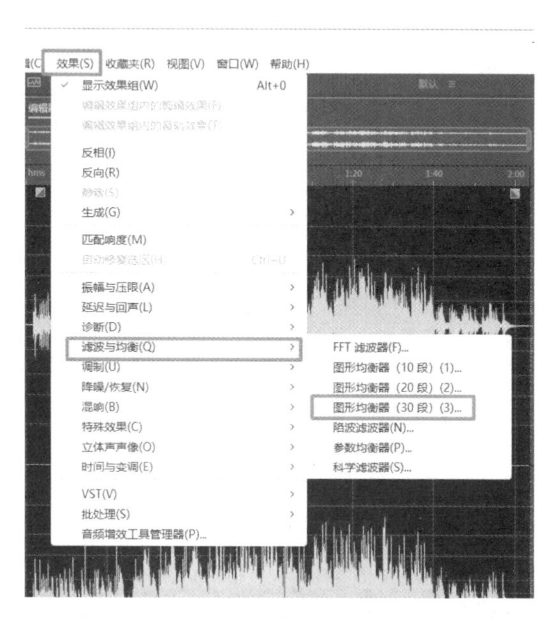

图 9－27　“图形均衡器（30 段）”选项

第二步：在弹出的“效果-图形均衡器（30 段）”对话框中单击“预设”列表框右侧的下拉按钮，在弹出的列表框中选择“经典 V”选项，如图 9－28 所示。

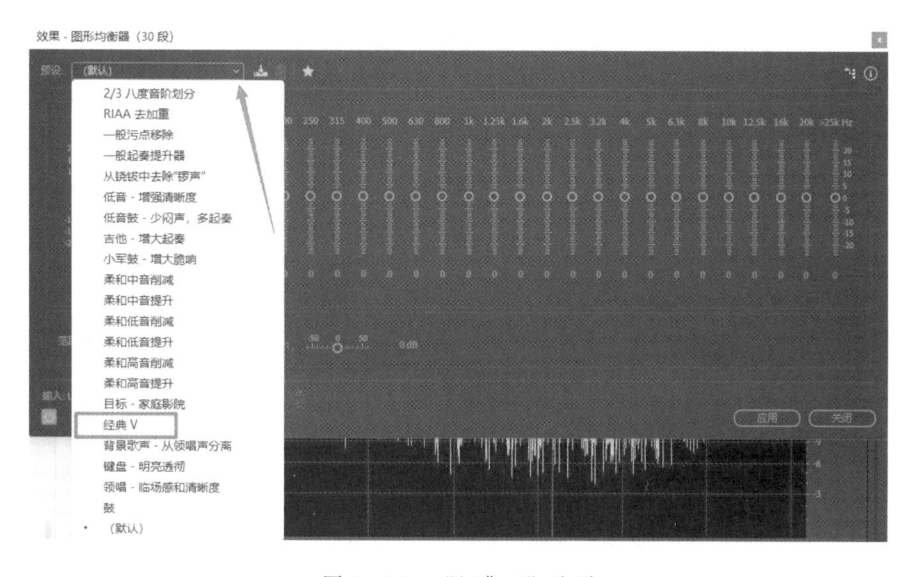

图 9－28　“经典 V”选项

第三步：在对话框下方将显示“经典 V”预设的相关参数，单击“应用”选项，如图 9 - 29 所示。

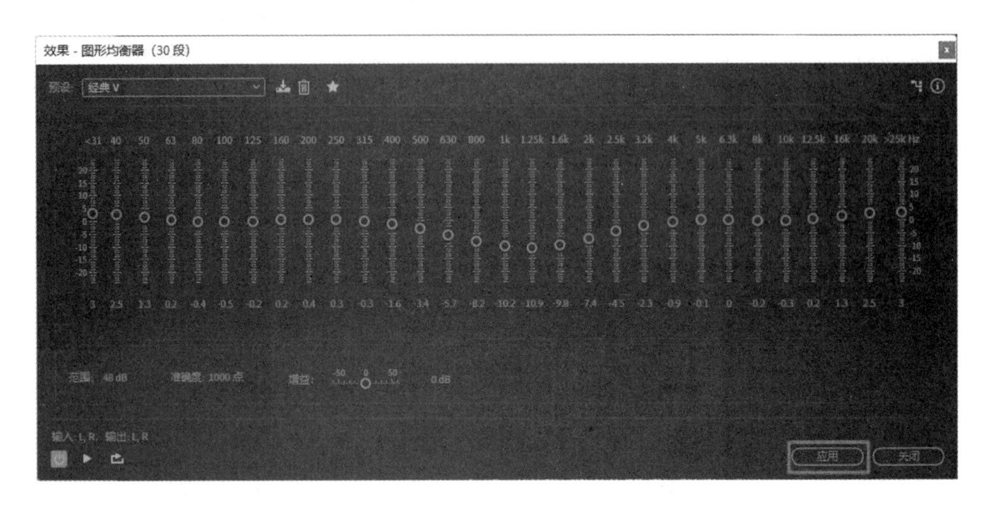

图 9 - 29　“经典 V”选项相关参数

这样即可使用“图形均衡器（30 段）”效果器处理音频，在“编辑器”窗口中可以查看处理后的音频音波效果，如图 9 - 30 所示。

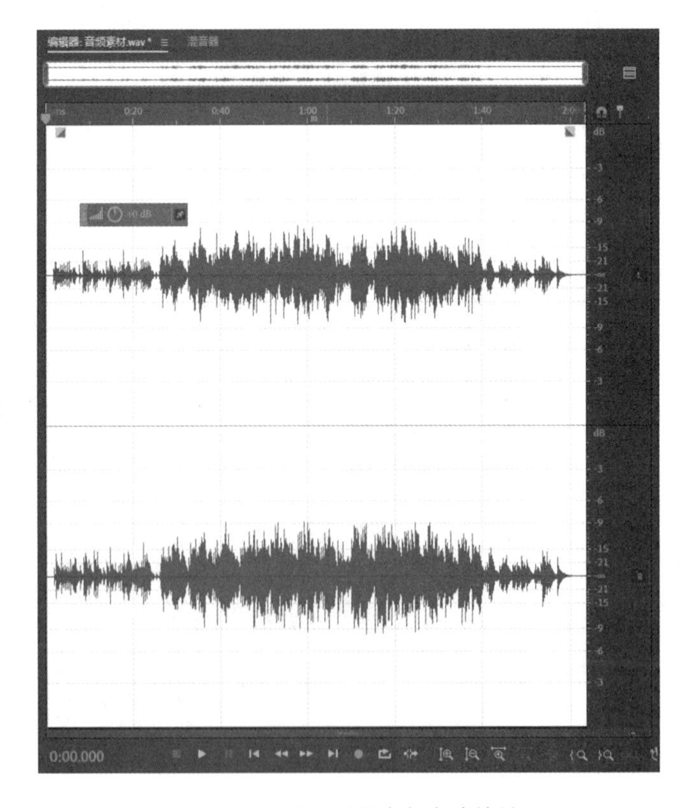

图 9 - 30　处理后的音频音波效果

9.5　延迟与回声效果

滤波与均衡效果器的处理

9.5.1　模拟延迟效果

第一步：打开一段音频素材，在菜单栏中分别单击“效果（S）”“延迟与回声（L）”“模拟延迟（A）”选项，如图 9－31 所示。

第二步：在弹出的“效果-模拟延迟”对话框中单击“预设”列表框右侧的下拉按钮，在弹出的列表框中选择“排水管”选项，如图 9－32 所示。

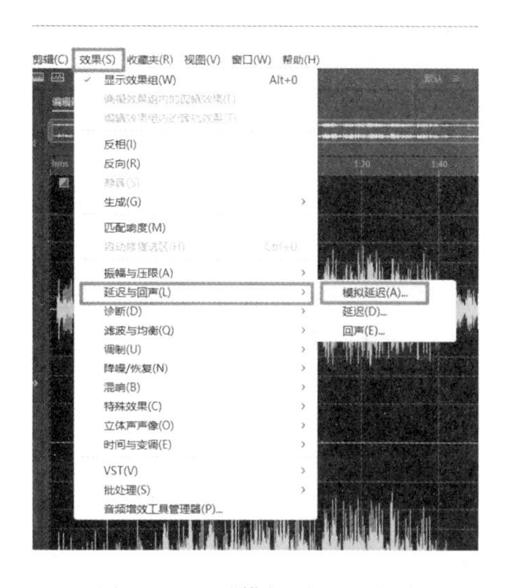

图 9－31　“模拟延迟”选项

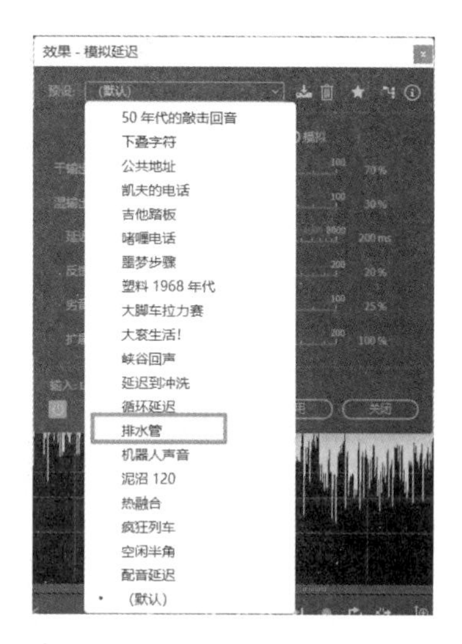

图 9－32　“排水管”选项

第三步：在对话框下方将显示“排水管”预设的相关参数，单击“应用”选项，如图 9－33 所示。

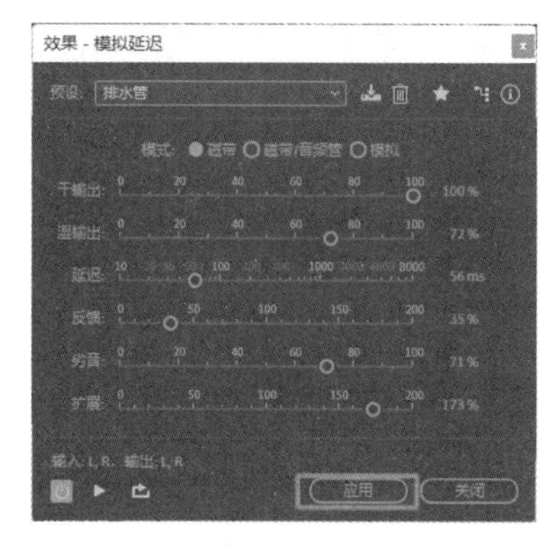

图 9－33　“排水管”选项相关参数

这样即可使用“模拟延迟”效果器处理音频，在“编辑器”窗口中，用户可以单击“播放”选项，试听音乐效果，如图 9－34 所示。

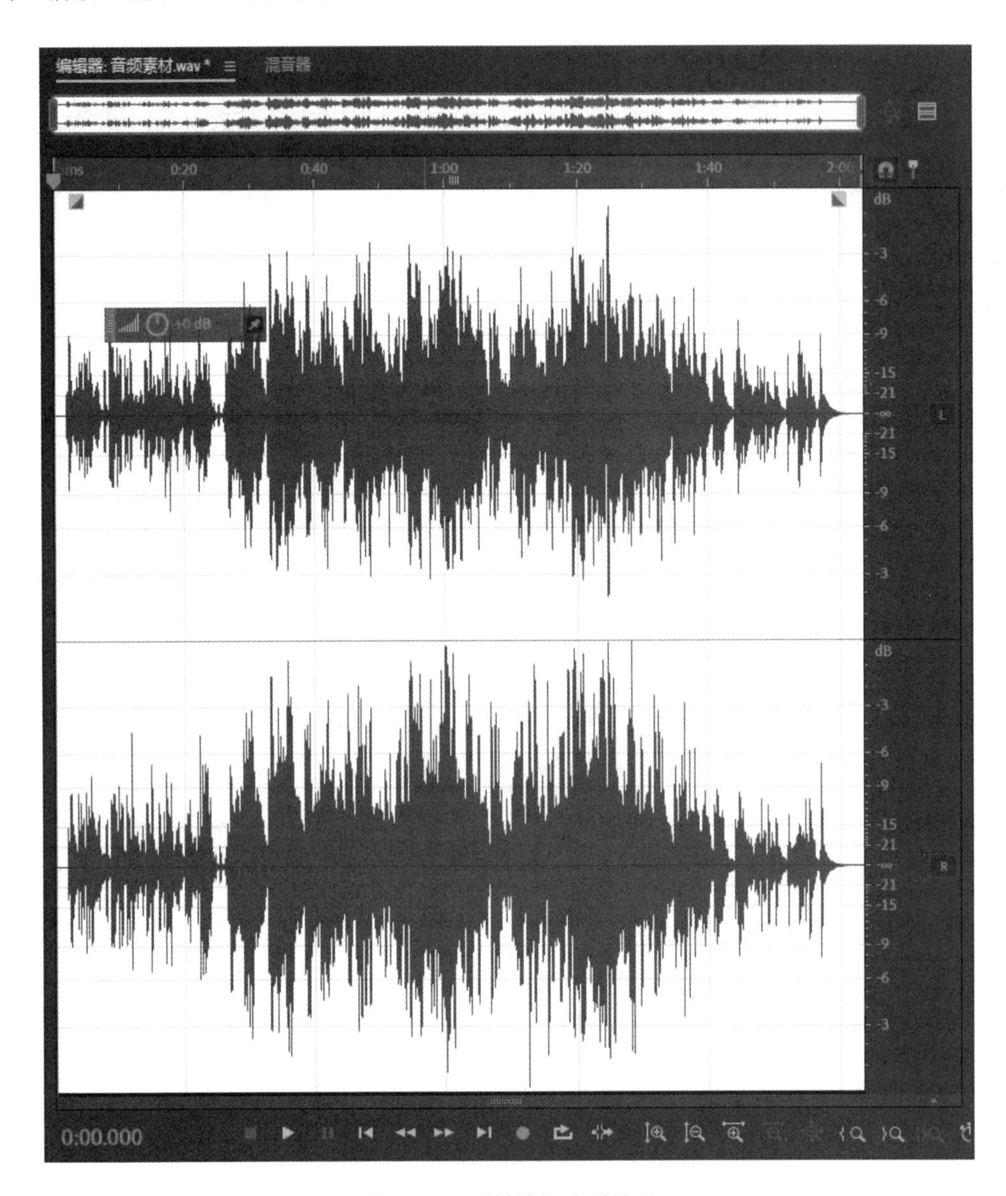

图 9－34　“播放”选项界面

9.5.2　延迟效果

第一步：打开一段音频素材，在菜单栏中分别单击“效果（S）”“延迟与回声（L）”“延迟（D）”选项，如图 9－35 所示。

第二步：在弹出的“效果-延迟”对话框中单击“预设”列表框右侧的下拉按钮，在弹出的下拉列表框中选择“山谷回声”选项，如图 9－36 所示。

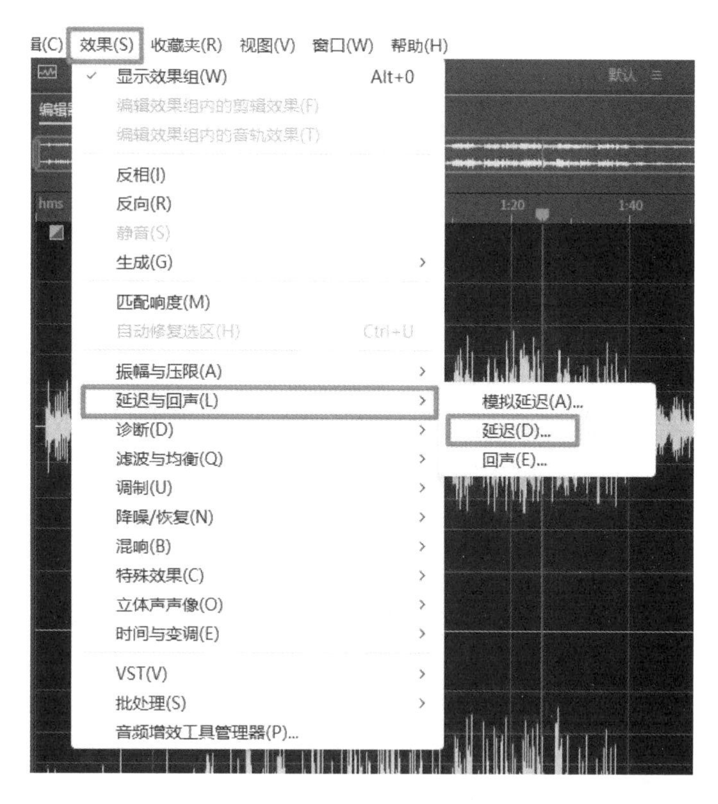

图 9 - 35　“延迟”选项

第三步：在对话框下方将显示“山谷回声”预设的相关参数，单击“应用”选项，如图 9 - 37 所示。

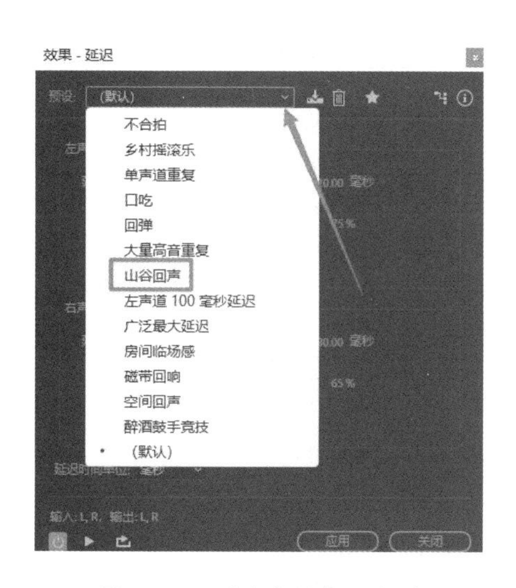

图 9 - 36　“山谷回声”选项

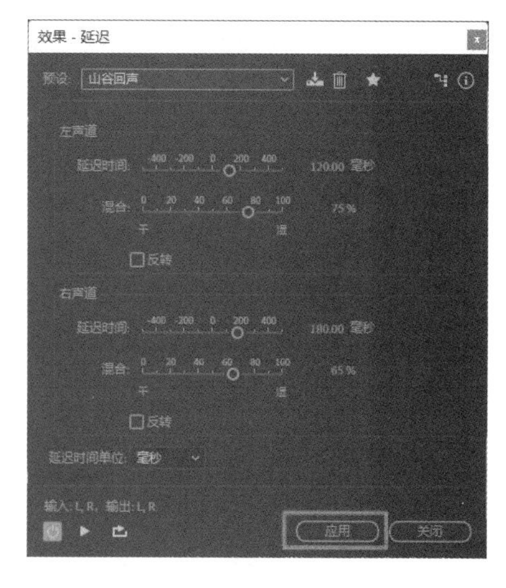

图 9 - 37　“山谷回声”选项相关参数

这样即可使用“延迟”效果器处理音频，在“编辑器”窗口中，用户可以单击“播放”选项，试听音乐效果，如图 9－38 所示。

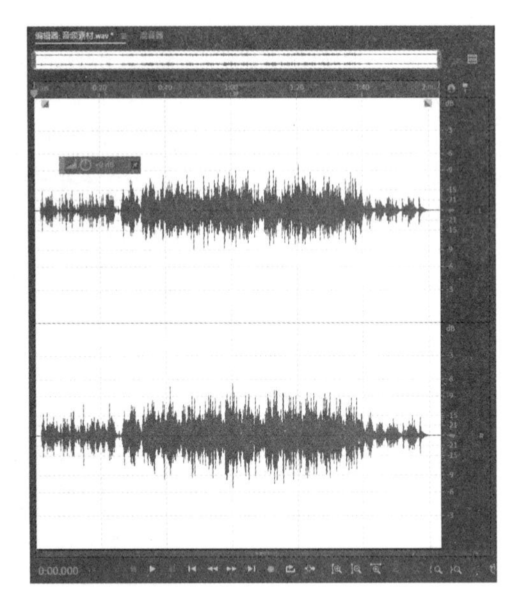

图 9－38 “播放”选项界面

9.5.3 回声效果

第一步：打开一段音频素材，在菜单栏中分别单击“效果（S）”“延迟与回声（L）”“回声（E）”选项，如图 9－39 所示。

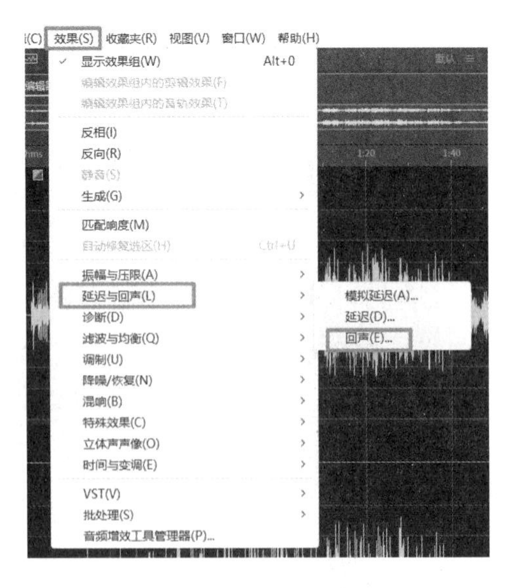

图 9－39 “回声”选项

第二步：在弹出的“效果-回声”对话框中单击“预设”列表框右侧的下拉按钮，在弹出的下拉列表框中选择“弹性电话”选项，如图 9－40 所示。

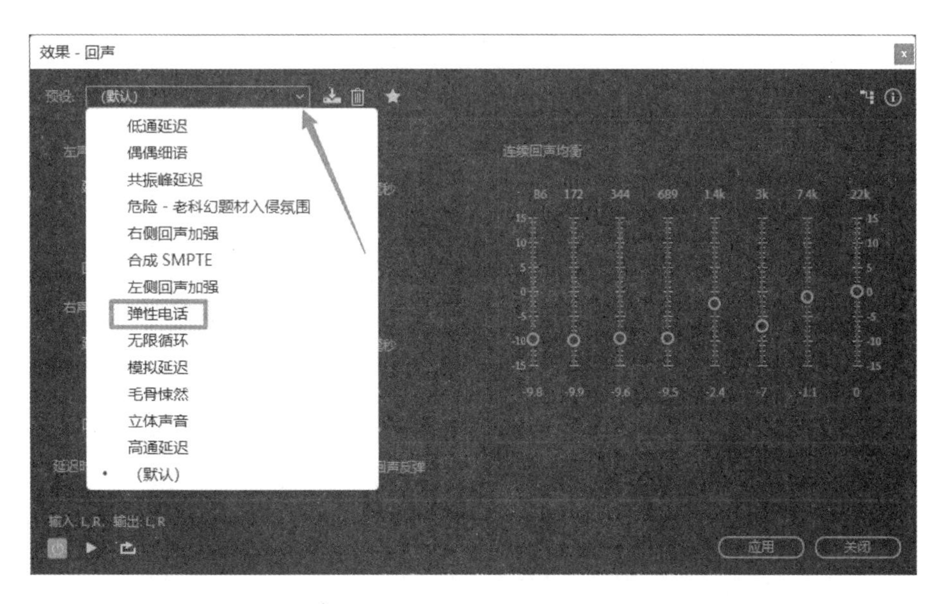

图 9－40　“弹性电话”选项

第三步：在对话框下方将显示“弹性电话”预设的相关参数，单击“应用”选项，如图 9－41 所示。

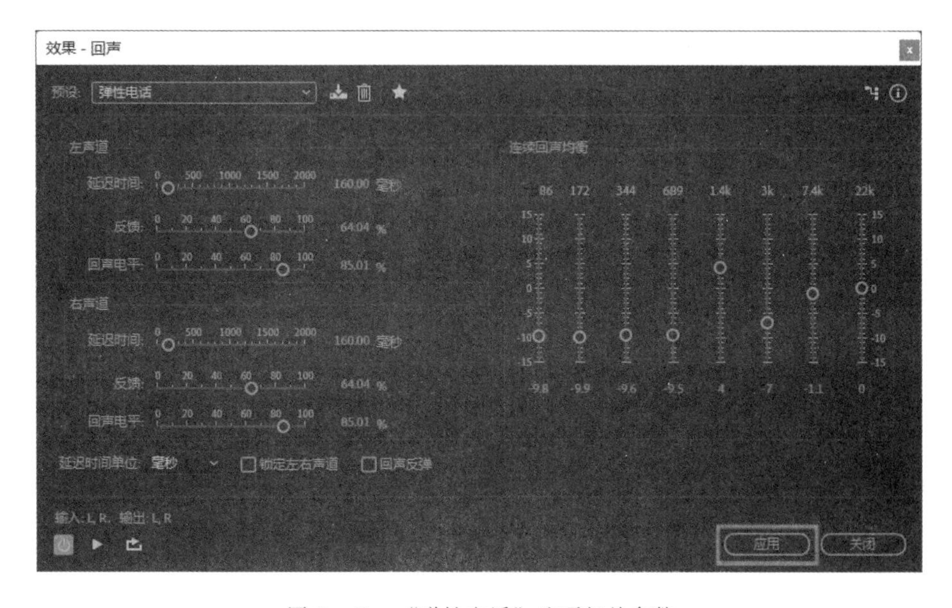

图 9－41　“弹性电话”选项相关参数

这样即可使用“回声”效果器处理音频，在“编辑器”窗口中，用户可以单击“播放”选项，试听音乐效果，如图 9－42 所示。

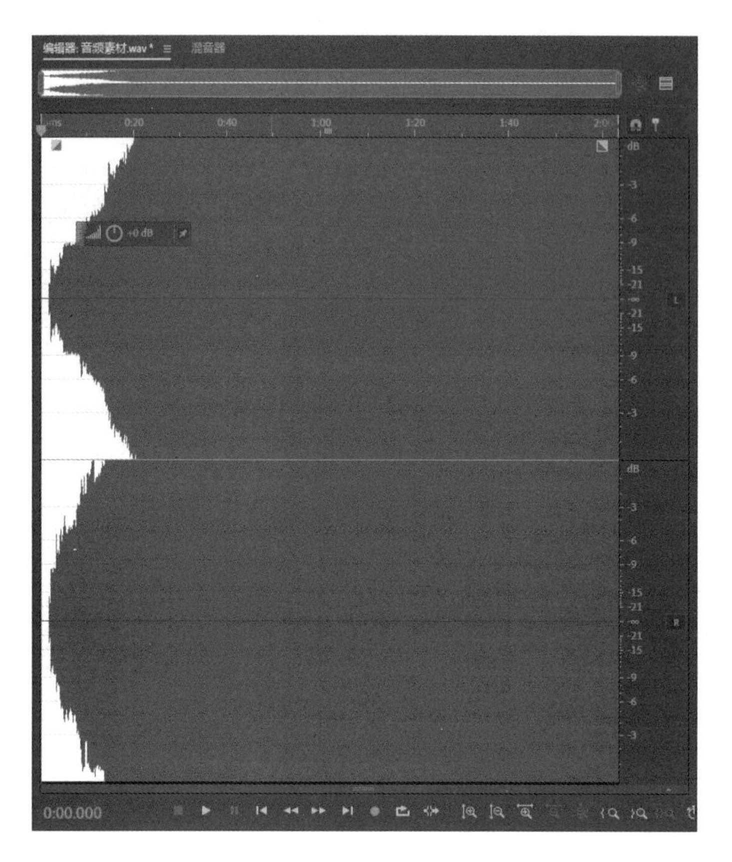

图 9-42 “播放”选项界面

9.6 本章小结

延迟与回声效果

本章主要涵盖了数字音频混音效果的基本概念和操作技巧。混音是将多个声音信号合并到一起，达到整体声音平衡和极具丰富度的目的。在混音过程中，需要注意声音的平衡，即各声音成分之间的音量和频谱的协调，以确保混音后的声音通透清晰。混缩的基本操作步骤包括选择合适的声音源、设置每个声音源的音量和声像定位，以及调整效果器和处理器参数。滤波和均衡效果器的处理可以通过调节频率和增益来改变声音的频谱特性，从而调整声音的色彩和通透度。延迟和回声效果则通过控制声音的反射和延迟时间，增加声音的立体感和深度，使混音后的声音更加丰富生动。

第 10 章　Adobe Audition 2022 插件与其他功能

10.1　效果器插件

10.1.1　安装 WAVES 效果器插件

第一步：分别单击菜单栏的“效果（S）”“音频增效工具管理器（P）”选项，即进入插件管理页面，如图 10－1 所示。

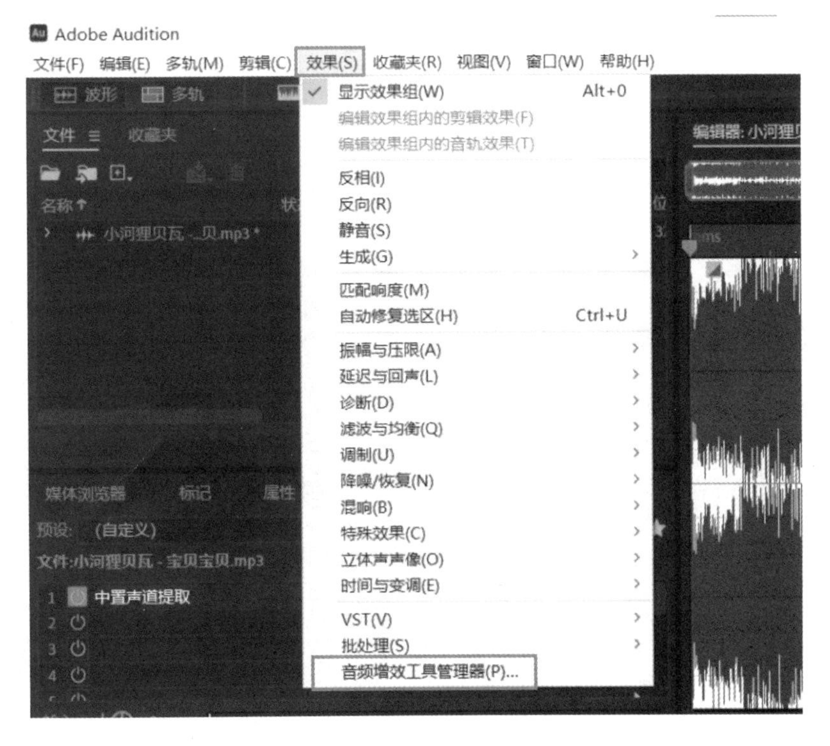

图 10－1　“音频增效工具管理器”选项

这时，可以看到弹出的对话框显示的默认插件路径是“C：\ Program Files \ VSTPlugins”，如图 10－2 所示。

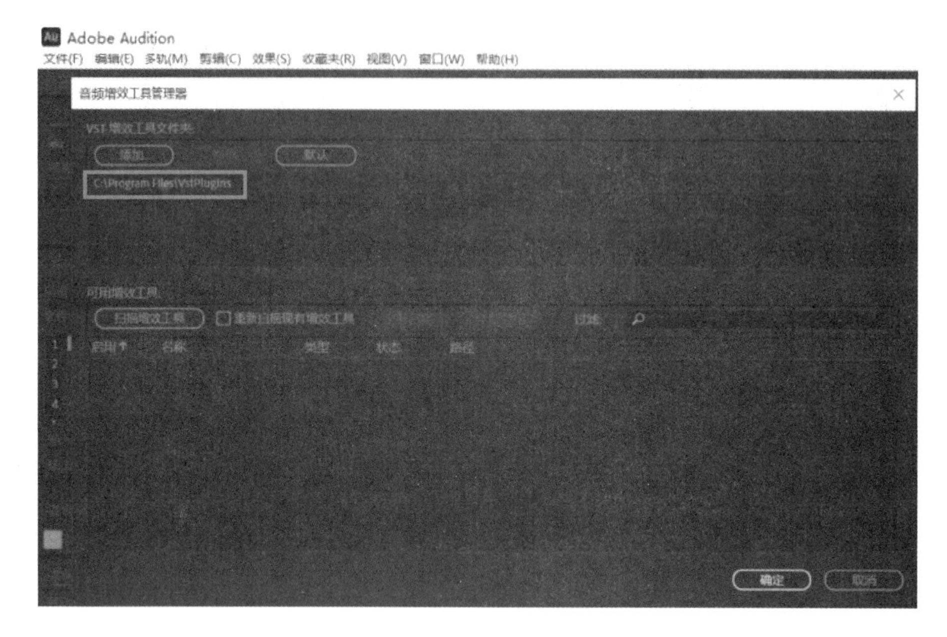

图 10－2　默认插件路径

第二步：在安装插件时可以将插件路径选择到该路径，也可以先单击“添加”选项，再点击下方“扫描增效工具”选项，单击“确定”选项。此时，系统会自带开始扫描文件夹路径中的插件，如图 10－3 所示。

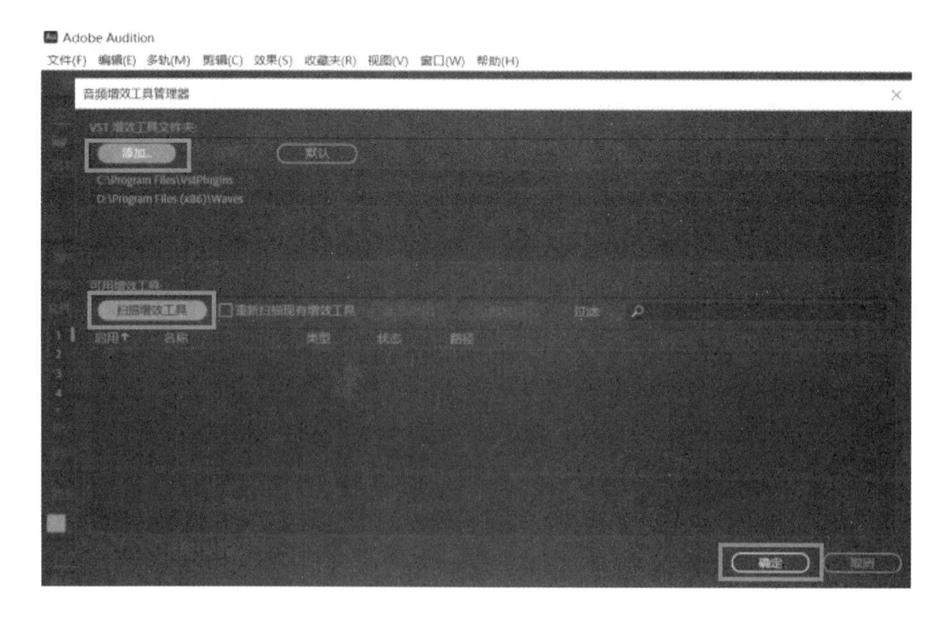

图 10－3　“扫描增效工具”选项

第三步：选择效果器所在的文件夹路径。通常情况下，效果器文件被保存在 D 盘的 Program Files（x86）目录下，如图 10-4～图 10-7 所示。

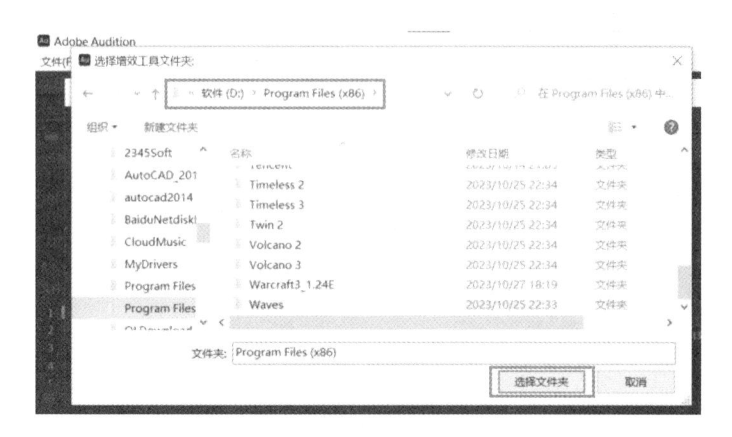

图 10-4　选择效果器所在文件夹路径 1

图 10-5　选择效果器所在文件夹路径 2

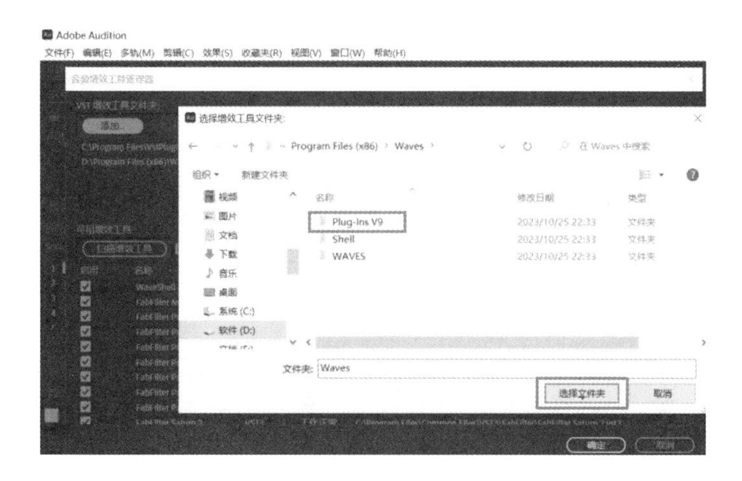

图 10-6　选择效果器所在文件夹路径 3

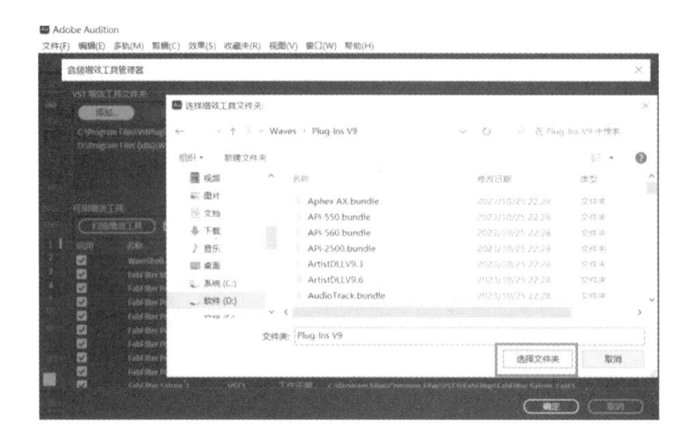

图 10-7　选择效果器所在文件夹路径 4

第四步：选择好文件夹后，软件系统则开始扫描相应的插件。待扫描完成之后可以看到效果器名称。需要注意的是，必须确认插件是否处于“工作正常”状态，如果确认正常，单击“确定”选项即可，如图 10-8～图 10-9 所示。

图 10-8　扫描插件 1

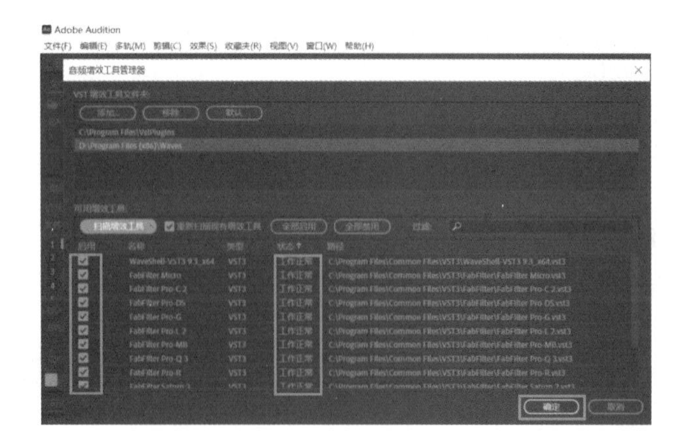

图 10-9　确认插件状态

第五步：分别单击菜单“效果（S）”“批处理”选项就可以看到刚才扫描出来的插件，直接选用即可，如图 10－10 所示。

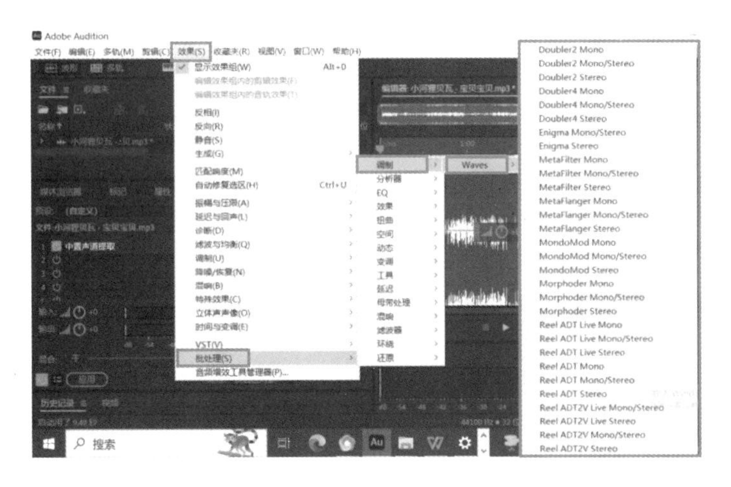

图 10－10 “批处理”选项

10.2 环绕声

Audition 2022 中的插件与其他功能

10.2.1 环绕声混响

第一步：打开一段音频素材，在菜单栏中分别单击“效果（S）”“混响（B）”“环绕声混响（R）”选项，如图 10－11 所示。

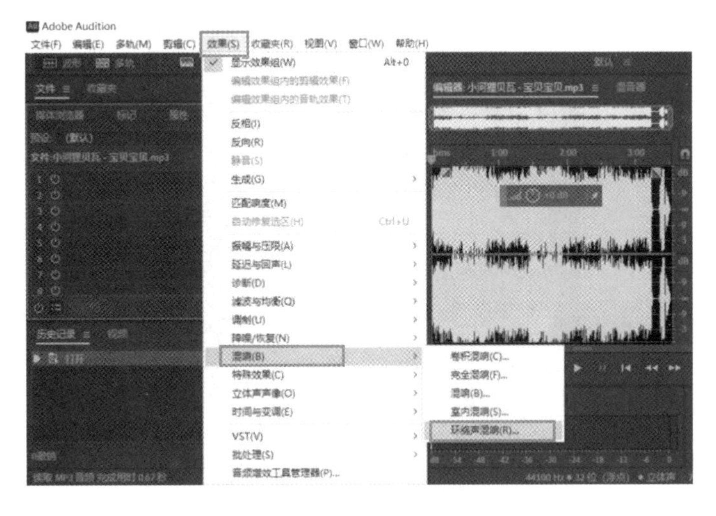

图 10－11 “环绕声混响”选项

第二步：在“效果-环绕声混响”对话框下，单击“预设”列表框右侧的下拉按钮，在弹出的列表框中选择“鼓室”选项，如图 10－12 所示。

第三步：在对话框下方将显示“鼓室”预设的相关参数，单击“应用”选项，如图 10－13 所示。

这样即可使用“环绕声混响”效果器处理音频，在“编辑器”窗口中，用户可以单击“播放”选项，试听音乐效果，如图 10－14 所示。

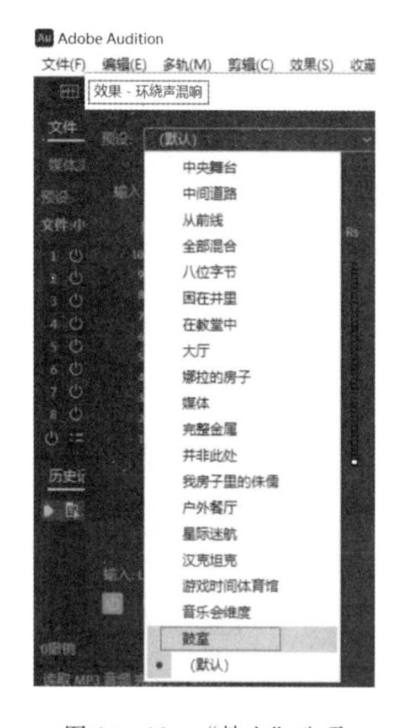

图 10－12　“鼓室”选项

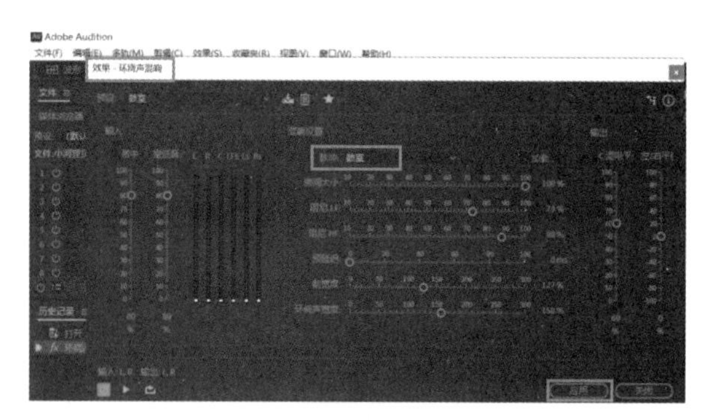

图 10－13　“鼓室”选项相关参数

图 10－14　“播放”选项界面

实践演示之 3D
环绕声 1 部分

实践演示之 3D
环绕声 2 部分

实践演示之 3D
环绕声 3 部分

10.3　收藏夹

10.3.1　录制收藏效果

第一步：新建一个音频文件（快捷键：“Ctrl＋I”），在菜单栏中分别单击“收藏夹(R)”“开始记录收藏（S)”选项，如图 10－15 所示。在弹出的“Audition”对话框中单击“确定”选项开始记录，如图 10－16 所示。

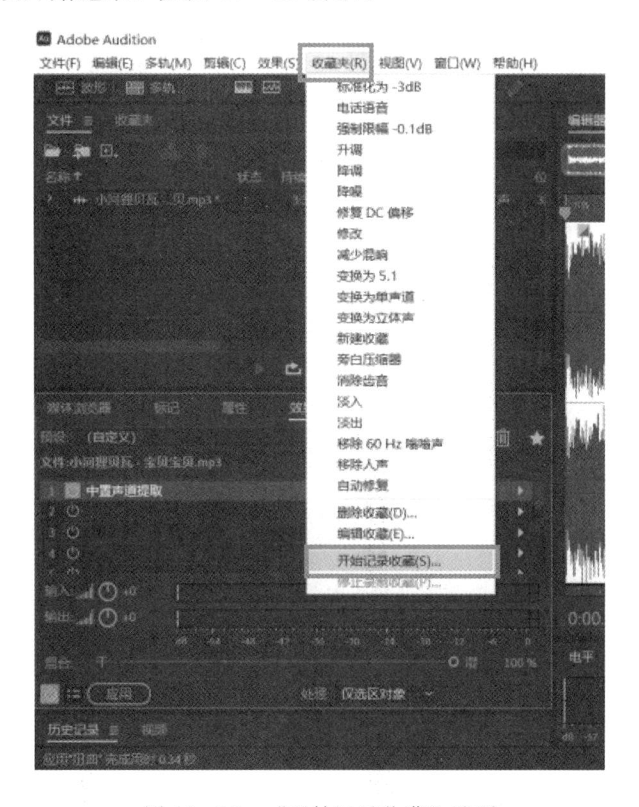

图 10－15　“开始记录收藏”选项

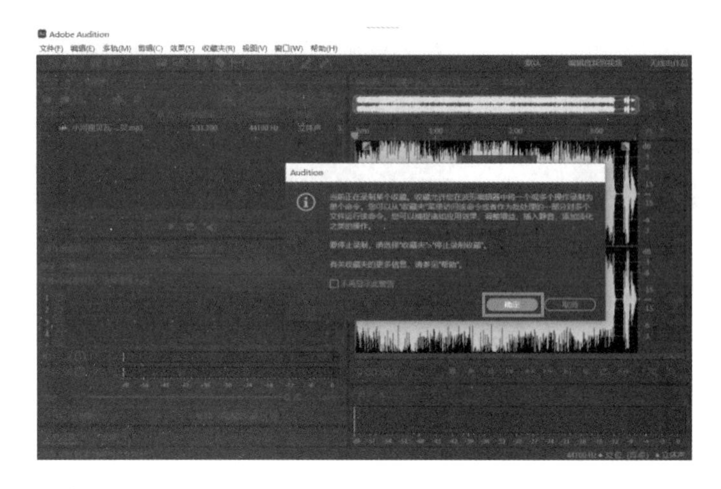

图 10-16 “Audition”对话框

第二步：对文件进行效果操作，操作完毕后，在菜单栏中分别单击“收藏夹（R）”“停止录制收藏（P）”选项，如图 10-17 所示。

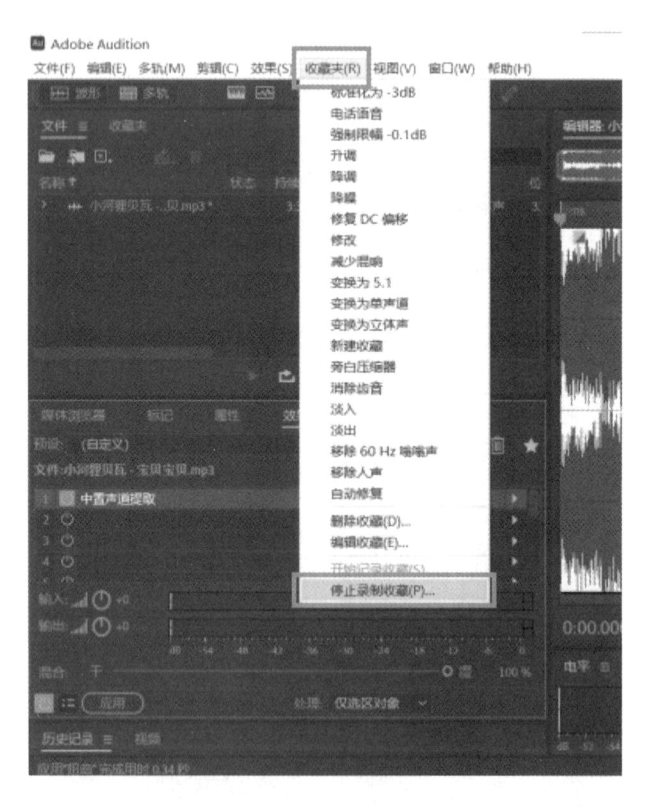

图 10-17 “停止录制收藏”选项

第三步：在弹出的“保存收藏”对话框中输入收藏名称，如“修改”，单击“确定”选项，即可保存记录的效果，如图 10-18 所示。

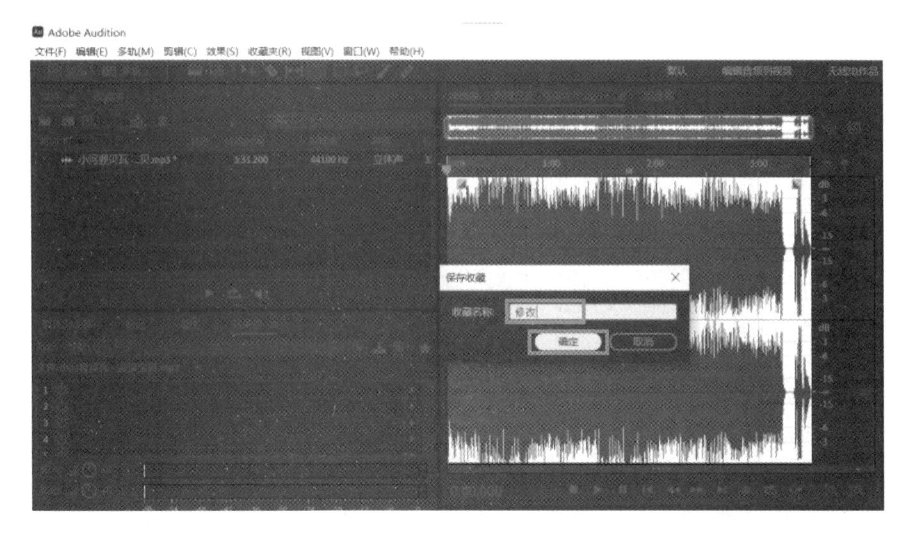

图 10 - 18　“保存收藏”对话框

10. 3. 2　从效果器中创建

第一步：在使用效果器的时候，把调整好的参数应用到其他部分的时候，可以直接在相应的“效果（S)”对话框中单击“显示效果组（W)”选项，如图 10 - 19 所示。

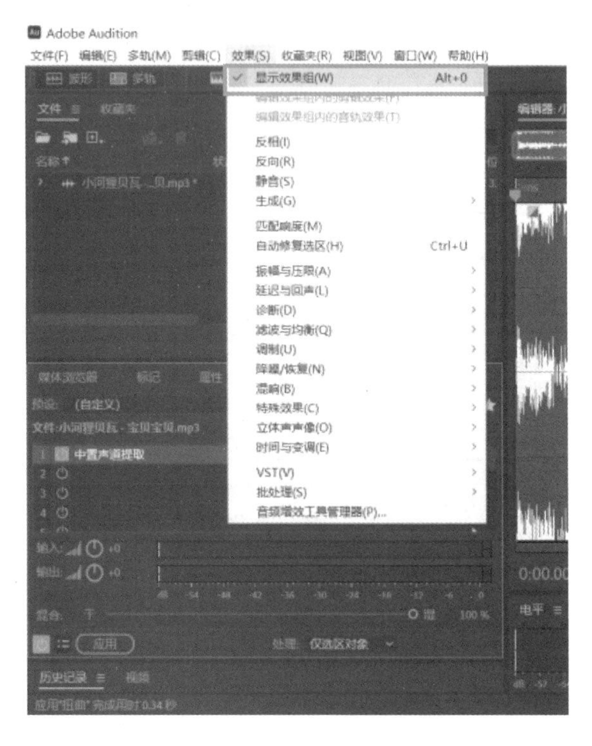

图 10 - 19　“显示效果组”选项

第二步：单击编辑框中的“将当前效果设置保存为一项收藏”选项，如图 10－20 所示。

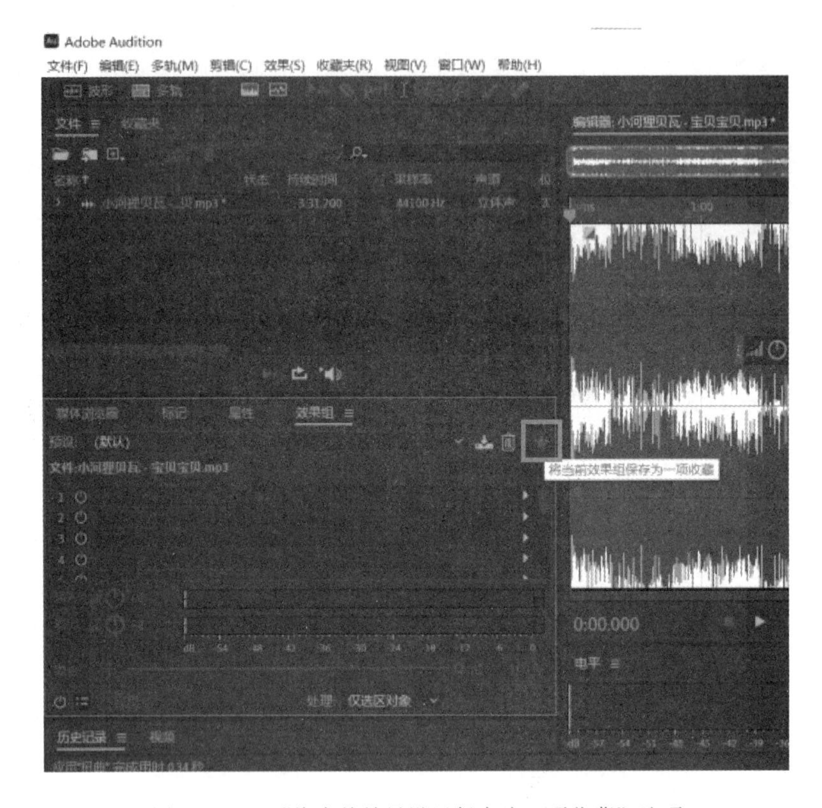

图 10－20　“将当前效果设置保存为一项收藏”选项

第三步：选择设置一个效果后，在弹出的“保存收藏”对话框中进行名称设置，如“修改”，单击“确定”选项，即可保存效果，如图 10－21 所示。

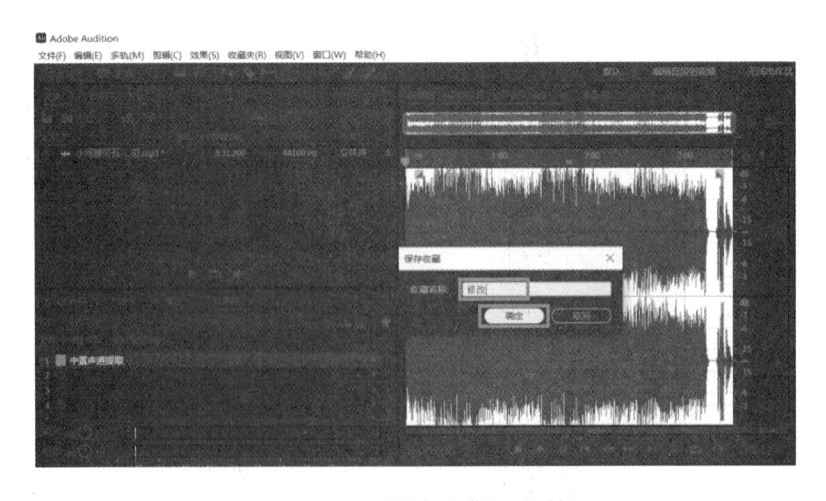

图 10－21　“保存收藏”对话框

10.3.3　删除收藏

第一步：在菜单栏中分别单击“收藏夹（R）”“删除收藏（D）”选项，如图 10－22 所示。

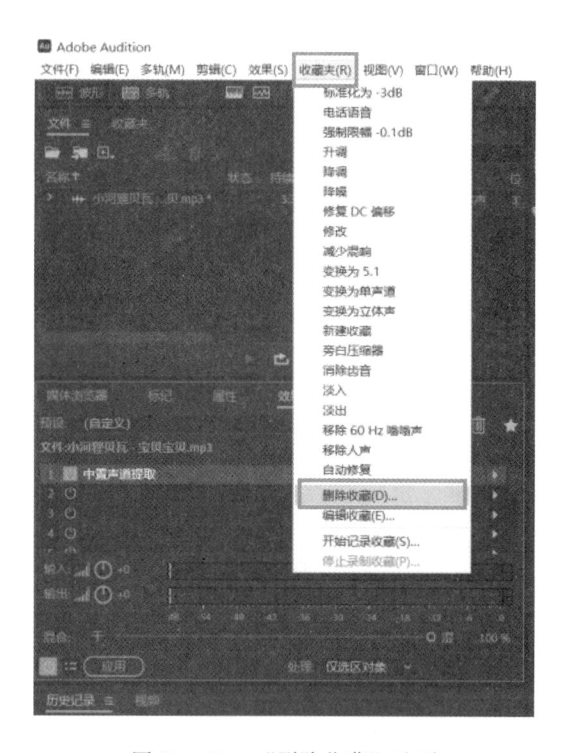

图 10－22　“删除收藏”选项

第二步：在“删除收藏”对话框中选择要删除的效果，单击“确定”选项，即可删除效果，如图 10－23 所示。

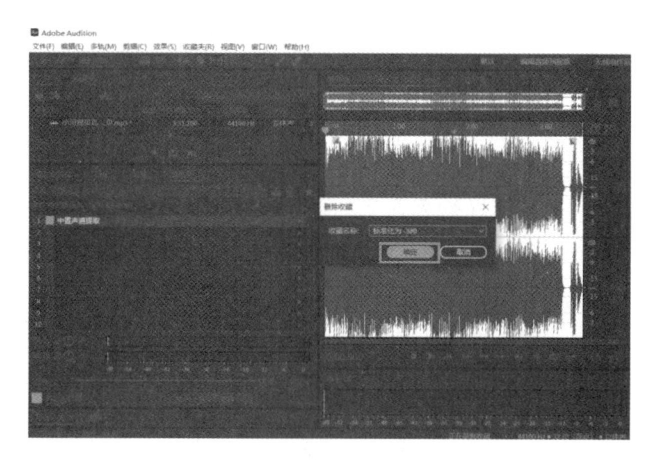

图 10－23　“删除收藏”对话框

10.4 本章小结

实践演示之综合练习

本章主要介绍了 Adobe Audition 2022 软件中的插件和其他功能，包括效果器插件、环绕声和收藏夹。效果器插件是用于音频处理和增强的工具，如均衡器、压缩器等，能够调整音频的频谱和动态范围，提升音频质量。环绕声功能允许用户在音频中模拟立体声效果、增强听觉体验，常用于影视制作和游戏开发中。用户可以利用收藏夹自定义保存常用效果器、设置或文件，方便快速访问和应用于项目中。

第 11 章　音频文件的输出设置

11.1　音频文件的输出

11.1.1　输出 MP3 音频

第一步：打开一段音频素材，在菜单栏中分别单击“文件（F）”“导出（E）”“文件（F）”选项，如图 11－1 所示。

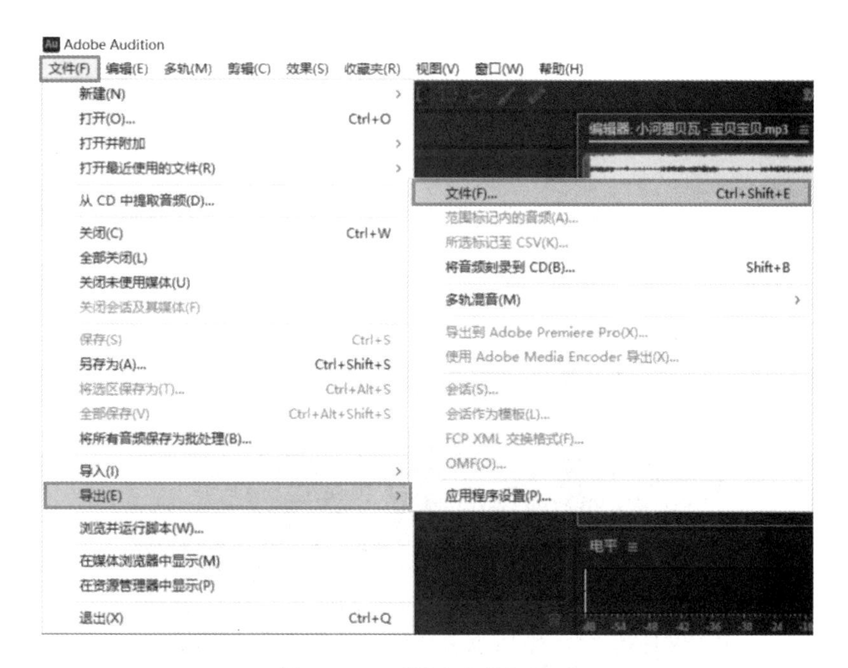

图 11－1　“导出文件”选项

第二步：在弹出“导出文件”对话框，单击“位置”右侧的“浏览”选项，弹出“另存为”对话框后，设置文件的导出文件名和导出位置，单击“保存”选项，如图 11－2所示。

图 11－2　“另存为”对话框

第三步：回到“导出文件”对话框，在“位置”右侧的文本框中单击“格式”右侧的下三角形按钮，并在弹出的列表框中选择“MP3 音频”选项，如图 11－3 所示。

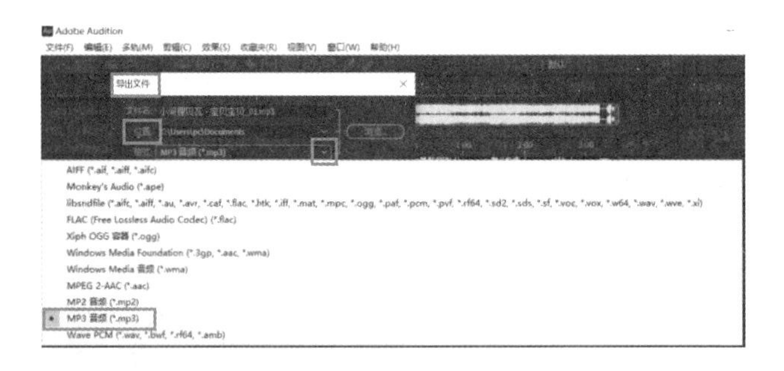

图 11－3　“MP3 音频”选项

当前音频格式为 MP3，单击“确定”选项即可将音频文件导出为 MP3 格式，如图 11－4 所示。

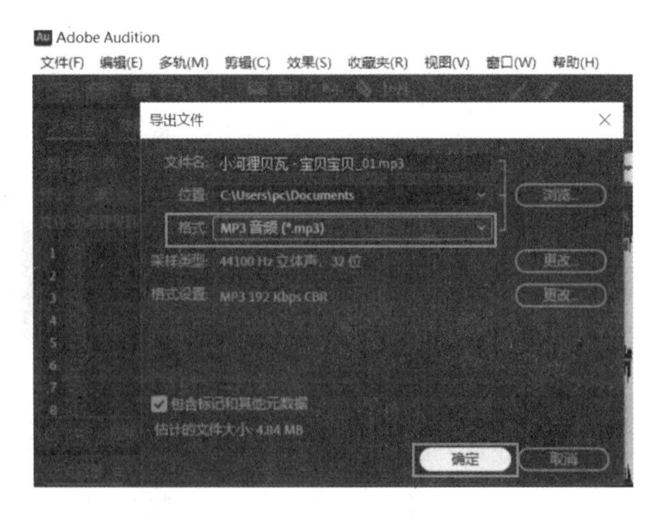

图 11－4　“导出文件”对话框

11.1.2　输出 WAV 音频

第一步：打开一段音频素材，在菜单栏中分别单击“文件（F）”“导出（E）”“文件（F）”选项，如图 11－5 所示。

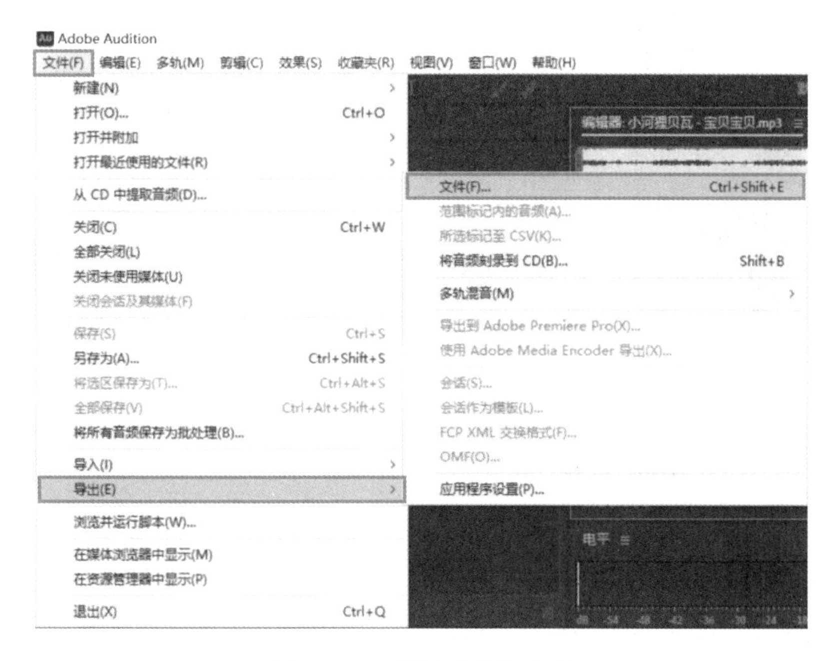

图 11－5　“导出文件”选项

第二步：在“导出文件”对话框中，设置音频文件的文件名和输出位置，并单击“格式”右侧的下三角形按钮，在弹出的下拉列表框中选择“Wave PCM（*.wav，*bwf，*rf64，*amb）”选项，如图 11－6 所示。

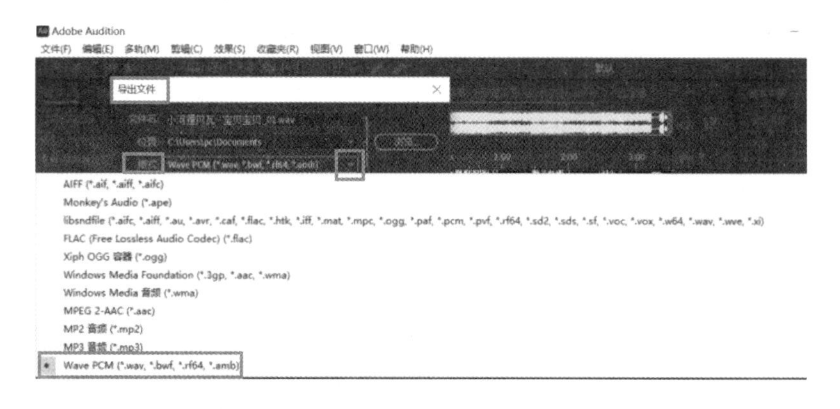

图 11－6　“Wave PCM”选项

第三步：单击“确定”选项，即可将音频文件输出为 WAV 格式，如图 11－7 所示。

图 11－7 “导出文件”对话框

11. 1. 3 输出 AIFF 音频

第一步：打开一段音频素材，在菜单栏中分别单击“文件（F）”“导出（E）”“文件（F）”选项，如图 11－8 所示。

第二步：在“导出文件”对话框设置音频文件的文件名和输出位置，并单击“格式”右侧的下三角形按钮，在弹出的下拉列表框中选择“AIFF（*.aif，*aiff，*aifc）”选项，如图 11－9 所示。

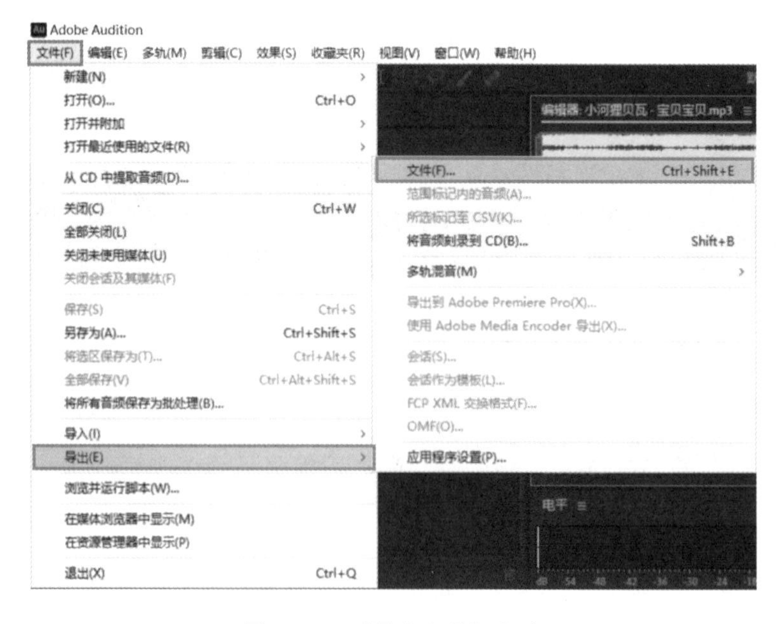

图 11－8 “导出文件”选项

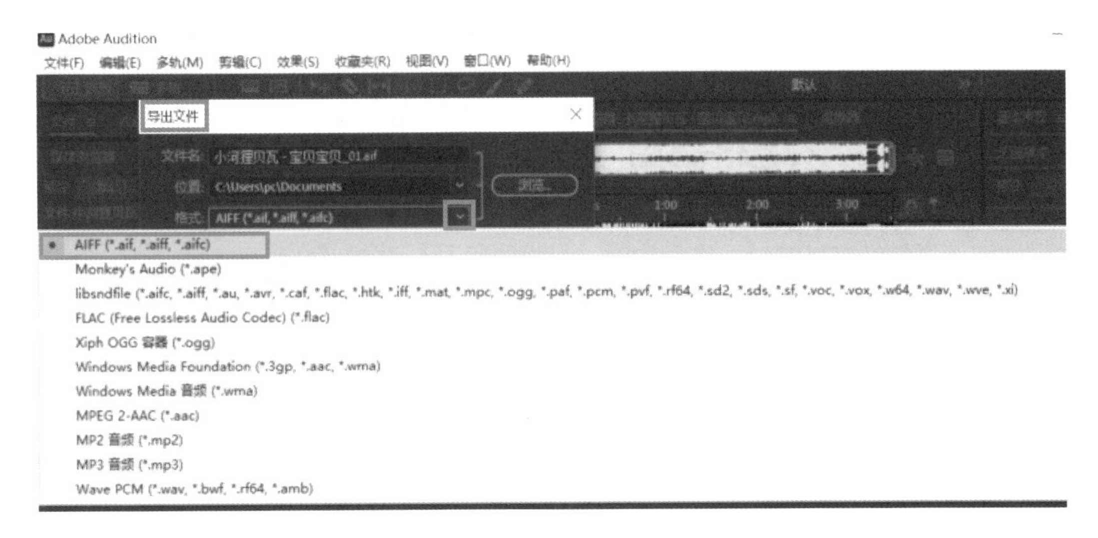

图 11－9　“AIFF”选项

第三步：单击“确定”选项，即可将音频文件输出为 AIFF 格式，如图 11－10 所示。

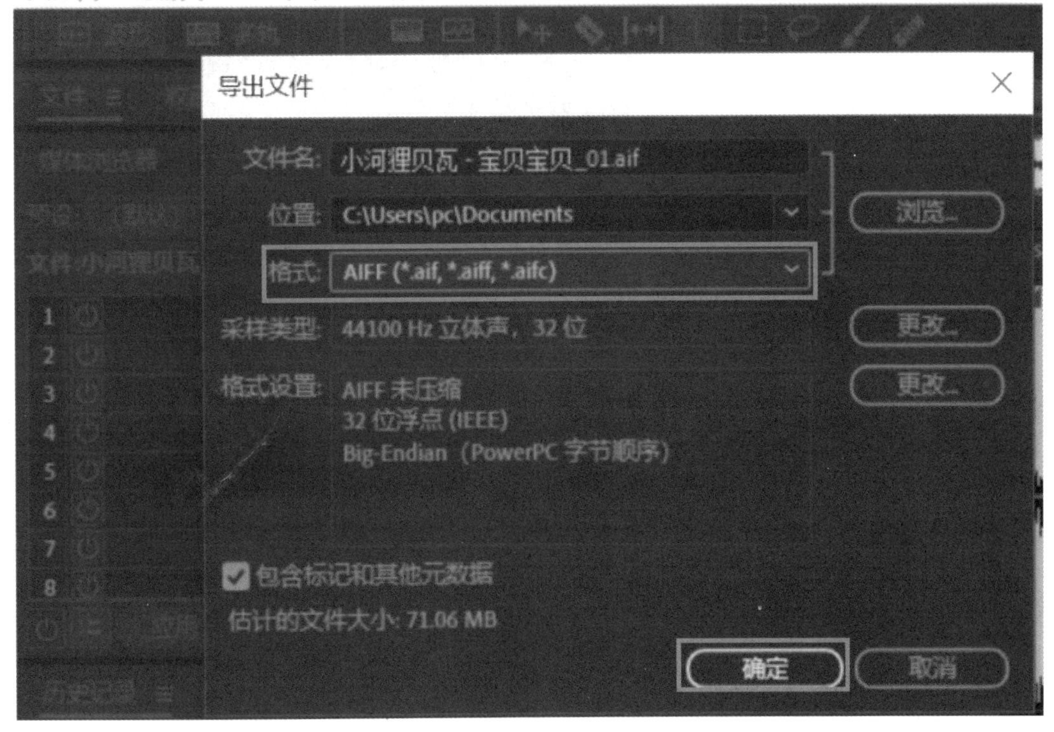

图 11－10　“导出文件”对话框

实践演示之片头
音效重置 1 部分

实践演示之片头
音效重置 2 部分

11.2 导出多轨混缩文件

11.2.1 输出时间选区音频

第一步：打开一个多轨项目文件，在“多轨”编辑器中选择准备输出的音频选区，在菜单栏中分别单击“文件（F）”“导出（E）”“多轨混音（M）”“时间选区（T）”选项，如图 11－11 所示。

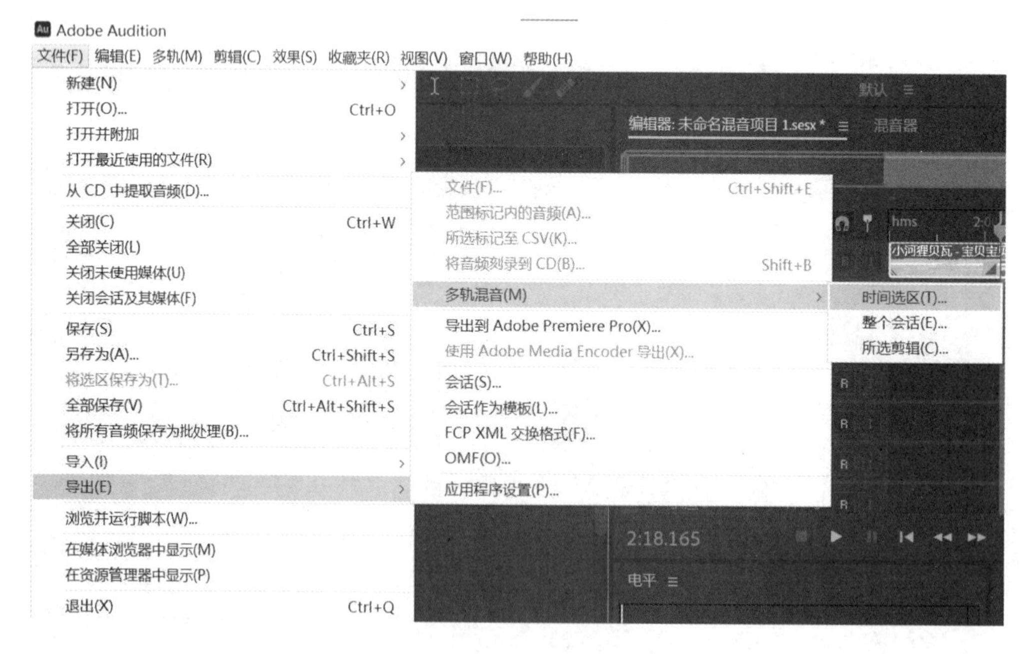

图 11－11 “时间选区”选项

第二步：在弹出的“导出多轨混音”对话框中设置文件的名称和导出位置，单击“保存”选项，单击“确定”选项即可开始导出时间选区内的多轨缩混文件，如图 11－12 所示。

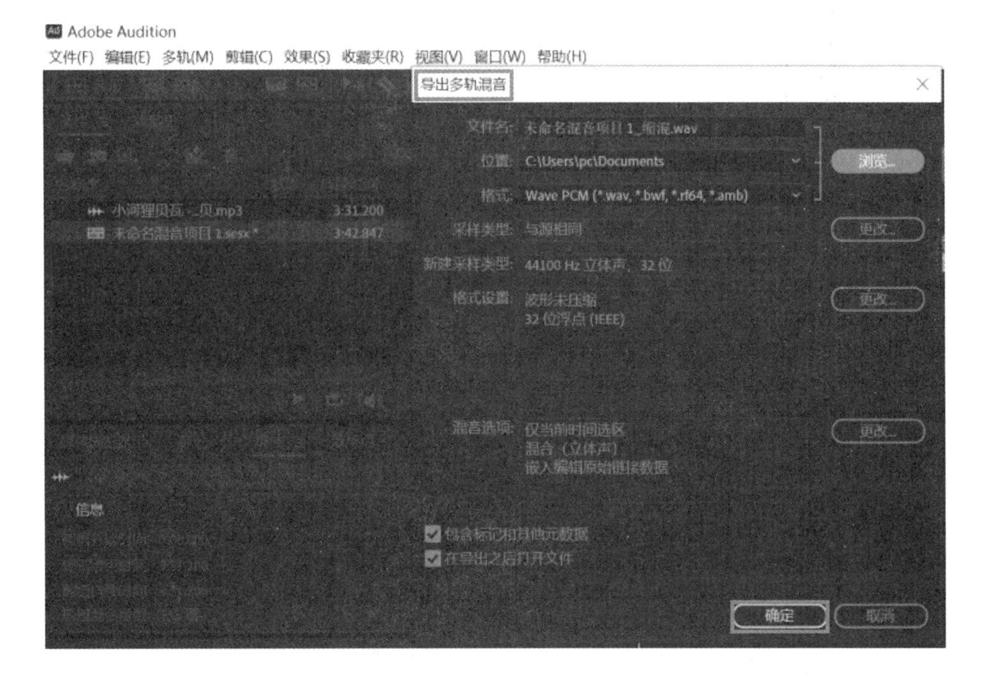

图 11－12　“导出多轨混音”对话框

11.2.2　输出整个项目文件

第一步：打开一个多轨项目文件，在菜单栏中分别单击“文件（F）”“导出（E）”“多轨混音（M）”“整个会话（E）”选项，如图 11－13 所示。

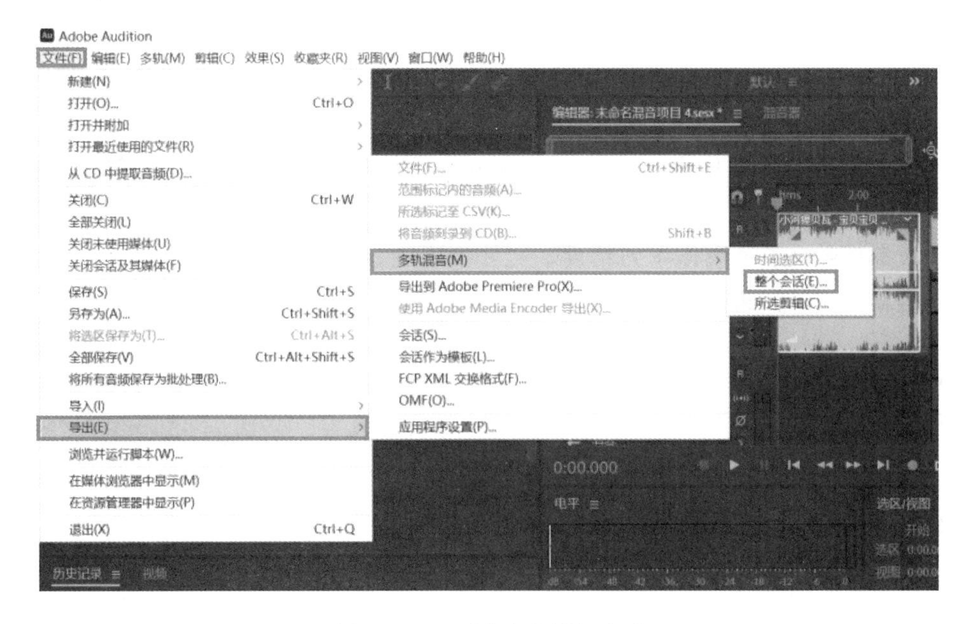

图 11－13　“整个会话”选项

第二步：在弹出的“导出多轨混音”对话框中设置文件的名称与导出位置，单击“确定”选项即可导出整个项目文件中的音频片段，如图 11－14 所示。

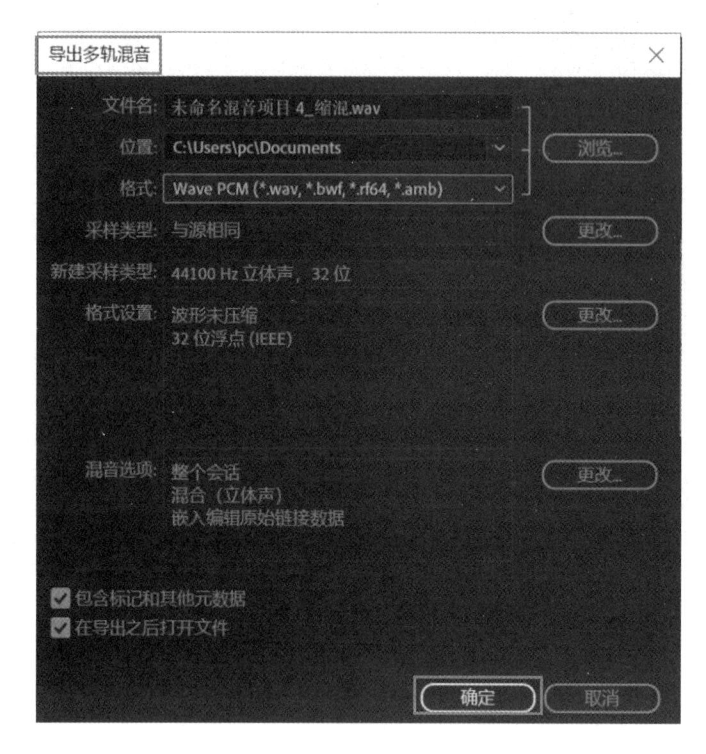

图 11－14　“导出多轨混音”对话框

11.3　本章小结

音频文件的输出设置

本章主要介绍了如何根据需要调整音频文件的采样率、位深度及文件格式等参数。采样率决定了每秒钟采集的样本数，而位深度影响了每个样本的精度，文件格式决定了音频文件的容器格式，因此正确设置这些参数是确保输出音频文件质量的关键一步。音频文件的输出过程中，需要注意文件命名、保存路径等细节，以确保输出文件的管理和整理能够顺利进行。此外，本章还介绍了导出多轨混音文件的技巧。多轨混音是将多个音频轨道的内容混合到一起形成终版音频文件的过程。

实践演示之
音频制作与输出

Adobe Audition 2022 快捷键

"Ctrl" + "N"：新建声音文件
"Ctrl" + "O"：打开一个声音文件
"Ctrl" + "W"：关闭当前的文件
"Ctrl" + "S"：保存当前文件
"Ctrl" + "Q"：退出
"Ctrl" + "A"：选择全部声音
"Ctrl" + "L"：只选择左声道
"Ctrl" + "R"：只选择右声道
"←"：将选择范围的左界限向左调整
"→"：将选择范围的左界限向右调整
"Shift" + "←"：将选择范围的右界限向左调整
"Shift" + "→"：将选择范围的右界限向右调整
"Ctrl" + "Z"：撤消操作
"F2"：重复最近的命令
"F3"：重复最近的命令
"Ctrl" + "C"：拷贝（Copy）所选波形到剪贴板
"Ctrl" + "X"：剪切所选波形到剪贴板
"Ctrl" + "V"：将剪贴板内容粘贴到当前文件
"Ctrl" + "T"：将选择区域以外的部分修剪掉
"F11"：转换当前文件的类型
"空格"：播放/停止
"Ctrl" + "空格"：录制/暂停
"Shift" + "空格"：从光标所在处开始播放
"Ctrl" + "Shift" + "空格"：从头开始播放
"Alt" + "P"：标准播放
"Home"：将视图移到最前面（不影响光标位置）
"End"：将视图移到最后面（不影响光标位置）

"Ctrl" + "↑"：垂直放大显示
"Ctrl" + "↓"：垂直缩小显示
"Ctrl" + "→"：水平放大显示
"Ctrl" + "←"：水平缩小显示

参考文献

[1] 袁诗轩 . Adobe Audition CC 从入门到精通［M］. 北京：清华大学出版社，2021.

[2] 周玉姣 . 从零开始学 Audition 音频处理：录音＋剪辑＋变调＋降噪＋美化［M］. 北京：北京大学出版社，2023.

[3] 马克西姆•亚戈 . Adobe Audition CC 经典教程（第 2 版）［M］. 北京：人民邮电出版社，2023.

[4] 钱慎一，潘化冰 . Audition 音频编辑标准教程（全彩微课版）［M］. 北京：清华大学出版社，2022.

[5] 拉塞尔•陈 . Adobe Animate 2022 经典教程［M］. 北京：人民邮电出版社，2023.

[6] 赵阳光 . Adobe Audition 声音后期处理实战手册［M］. 北京：电子工业出版社，2017.

[7] 张晨起 . Audition CC 音频处理完全自学一本通［M］. 北京：电子工业出版社，2020.

图书在版编目（CIP）数据

数字音频设计/伍雪，杨佳主编．--合肥：合肥工业大学出版社，2024
ISBN 978－7－5650－6733－4

Ⅰ．①数…　Ⅱ．①伍…　②杨…　Ⅲ．①数字音频技术-高等学校-教材
Ⅳ．①TN912.2

中国国家版本馆 CIP 数据核字（2024）第 075656 号

数字音频设计

伍　雪　杨　佳　主编　　　　责任编辑　许璘琳

出　版	合肥工业大学出版社	版　次	2024 年 12 月第 1 版
地　址	合肥市屯溪路 193 号	印　次	2024 年 12 月第 1 次印刷
邮　编	230009	开　本	787 毫米×1092 毫米　1/16
电　话	基础与职业教育出版中心：0551－62903120	印　张	9.5
	营销与储运管理中心：0551－62903198	字　数	197 千字
网　址	press.hfut.edu.cn	印　刷	安徽联众印刷有限公司
E-mail	hfutpress@163.com	发　行	全国新华书店

ISBN 978－7－5650－6733－4　　　　定价：42.80 元